Lehrbuch der Mathematik

für

den höheren Schulunterricht

bearbeitet

von

Dr. E. F. August,
Professor und Director des Cölnischen Real-Gymnasiums zu Berlin.

Zweiter Cursus.

Elfter bis achtzehnter Abschnitt der Geometrie mit zahlreichen Uebungsaufgaben.

Zweite umgearbeitete Auflage mit 8 doppelt beigefügten Figurentafeln.

Berlin.
Gedruckt und verlegt bei Georg Reimer.
1852.

Vorwort.

Mit diesem zweiten Cursus der Mathematik ist Alles abgeschlossen, was der Elementargeometrie anheim fällt.

Wer sich des Büchleins zum Lehren oder zum Lernen bedient, wird in demselben außer den in allen Lehrbüchern enthaltenen Sätzen der euklideischen Geometrie auch diejenigen Sätze aufgeführt finden, von denen die schönen geometrischen Forschungen neuerer Zeit ausgehen.

Diese sind bisher in den elementaren Lehrbüchern anhangsweise, gewissermaßen als Beiwerk, daher auch zerstreut und ohne systematischen Zusammenhang unvollständig mitgetheilt worden.

Es ist hier vielleicht zuerst der Versuch gemacht, die wichtigsten Sätze der Theorie der Transversalen und der Doppelverhältnisse in Form von Elementen darzustellen, als welche sie zur weitern Begründung geometrischer Forschungen dienen können.

Um dies zu erreichen, waren manche neue Benennungen, neue Bezeichnungen nöthig, für die ich die geneigten Benutzer dieses Buches um gütige Aufnahme bitte. Durch manche derselben, wie auch z. B. durch die Bezeichnung der Transversalbeziehung, scheint für die leichtere Uebersicht etwas gewonnen zu sein.

Mich selbst, vielleicht auch manchen andern, hat die Einführung der Transversalen in die Geometrie anfänglich deshalb nicht angesprochen, weil Produkte dreier Linien in Betracht kommen, die eigentlich erst in der Stereometrie eine Bedeutung erhalten; ja, weil oft bei den Beweisen Produkte von vier, fünf, sechs, und viel mehr Linien aufgestellt werden, denen man als solchen geometrisch keinen Sinn unterlegen kann.

Diese stillschweigende Vermischung der Algebra mit der Geometrie hat allerdings für denjenigen etwas Störendes, der an euklideische Strenge gewöhnt ist.

Dem Theoretisch-Unbequemen bin ich, ohne, wie es oft geschieht, Praktisch-Unbequemes zu bieten, in der Durchführung des sechzehnten Abschnitts dadurch entgangen, daß ich die Zusammensetzung der Verhältnisse anwendete, und die Gleichheit zweier Produkte aus mehreren Linien so hervortreten ließ, daß in der Zusammensetzung der Verhältnisse der einzelnen Linien das Verhältniß der Gleichheit erkannt wurde (vergl. S. 176.).

Wie die Einführung mehrgliedriger Produkte, so hat auch die Anwendung trigonometrischer Begriffe und Zeichen zur Begründung geometrischer Beziehungen etwas Unbequemes; dem es vielleicht zuzuschreiben ist, daß die schönen und weitgreifenden Untersuchungen über geometrische Gebilde, wie sie in dem größeren Werke des Herrn Professor Steiner niedergelegt sind, noch nicht Eingang in die Elemente der Geometrie gefunden haben.

Ich habe es versucht, auch diese Unbequemlichkeit hinwegzuräumen, und deshalb im 17. Abschnitte theils durch rein geometrische Anschauungen die trigonometrischen Hülfsbegriffe ersetzt, theils durch Anwendung der Doppelverhältnisse, deren Zusammensetzungen proportional sind, eine einfache Begründung aufgestellt für diejenigen Grundlehren auf diesem Gebiete, welche als Elemeute zu betrachten sein dürften. In wie weit es mir gelungen, durch diese Behandlung den wichtigen Gestaltungsgesetzen Eingang in die Elementargeometrie zu verschaffen, erwarte ich aus dem Urtheile pädagogischer Benutzer des Werkchens zu entnehmen. Daß ich nach euklideischer Klarheit und Einfachheit gestrebt, und nur um dieser zu genügen neue Erklärungen und Beweisarten eingeführt habe, wird Niemand leicht verkennen.

Ueber den Plan des Ganzen habe ich jetzt noch Einiges hinzuzufügen.

Der erste Cursus schließt die Geometrie, ohne Anwendung der Proportionen, ab. Die ersten neun Abschnitte sind in strengem Zusammenhange. Der zehnte setzt algebraische Kenntnisse voraus, wie dieselben bei denjenigen, die so weit in der Geometrie vorgeschritten sind, auch gleichzeitig entwickelt sein müssen. Die einzige Einmischung des Arithmetischen in die Geometrie ist hier die Darstellung der Fläche durch ein Produkt zweier Zahlen. Man hat diesen Abschnitt als einen praktischen Anhang zu den vorigen zu betrachten.

Im zweiten Cursus tritt die Proportion in ihrer Anwendung auf Geometrie hervor. Es mußte daher ein Abschnitt vorangeschickt werden, der die Proportionen als allgemeine Größenbeziehungen hinstellte, und das Wesen des Commensurablen und Incommensurablen erklärte, auch den Begriff der Exhaustion feststellte, auf welcher so viele Beweise der Gleichheit beruhen. Dieser der allgemeinen Größenlehre angehörige eilfte Abschnitt ist für den Unterricht von großer Wichtigkeit. Er gewöhnt an Schärfe des Denkens und die wenigen schwierigeren Sätze desselben üben den Lerner so; daß ihm die Anwendung dieser Begriffe in den folgenden Abschnitten sehr leicht wird.

In diesen wiederholen sich auch, nur in anderer Betrachtungsweise, die schwierigen Sätze des ersten Cursus; so daß ein Lehrer, dem es um Abkürzung des Unterrichts zu thun ist, jene Sätze des ersten Theiles, in welchen die Schlüsse auf Vergleichung der Rechtecke beruhen, dort ganz auslassen und das Ergebniß derselben in den späteren Abschnitten, wo dieselben Sätze in den Anmerkungen oder als Zusätze erwähnt sind, lehren kann.

Für den Schüler, der vorher die etwas weitläuftigere Methode durch die Rechtecksvergleichung durchgemacht hat, wird aber die Entwicklung derselben durch Anwendung der Proportionen eine überraschende und nun ganz befriedigende Abkürzung sein, und sein Streben in der Mathematik fortzuschreiten, anfeuern, indem er erkennt, wie neue Auffassungen zu allgemeiner und durchgreifender Erkenntniß führen.

Aus diesem rein pädagogischen Grunde habe ich auch am Schlusse des XIV. Abschnitts (§. 10. 7) das Kreissehnen-Sechseck in der weitläuftigeren Weise vollständig behandelt, um später (XVI. 13. 1.) bei der Transversalentheorie zu zeigen, wie diese neue Auffassung der Verhältnisse Licht und Einfachheit in jene verwickelten Beziehungen bringt.

Damit der Lehrer, welcher Zeit ersparen soll, oder dem es mehr zusagt, seinen eigenen Weg zu gehen, als strenge einem Lehrbuche zu folgen, auch hiezu Gelegenheit finde, ist in den Anmerkungen der einzelnen Sätze und Schlußbemerkungen der Abschnitte Manches hinzugefügt, was

Stoff zu anderen Anordnungen, zu Abkürzungen, zu eigenthümlichen Darstellungen bietet. In dieser Hinsicht ist die Entwicklung der Ludolph'schen Zahl, die schon im ersten Cursus vorkam, durch zwei erweitert worden, die in diesem Cursus ihre Stelle fanden.

Wenn Reichhaltigkeit, verbunden mit Kürze, ein Vorzug eines Lehrbuches ist, so habe ich nach diesem Vorzuge für dieses Werkchen gestrebt. Es können gewiß nur wenige bedeutendere Entwickelungen der neueren Geometrie aufgeführt werden, die nicht in diesem Büchlein elementare Begründung oder doch einen näheren Anknüpfungspunkt finden als die Mehrzahl anderer Elementarbücher der Geometrie darbietet.

Der reiche Anhang von mannigfaltigen Aufgaben wird gewiß jedem willkommen sein, der sich oder andere in der Geometrie üben will.

Da es der Raum nicht gestattete, Andeutungen zur Auflösung beizufügen; so wird die Benutzung ausführlicherer Werke oft aushelfend eintreten müssen; so wie ich selbst in Bezug auf die gründlichere Verfolgung der hier gegebenen Elemente über Transversalen und Doppelverhältnisse auf die Werke von Adams, Steiner und andere verweisen muß.

Daß ich die besten Lehrbücher und Zeitschriften der Geometrie bei der Ausarbeitung dieses Werkchens zu Rathe gezogen, bedarf der Versicherung nicht. Ich nenne auch gern mit Anerkennung das reichhaltige Crelle'sche (Lehrbuch der Geometrie), das vielseitig anregende von Jacobi, das gediegen durchgeführte von Bretschneider, das besonders durch geschichtliche Anmerkungen anziehende von Kunze. Das Crelle'sche Journal und Grunert's Archiv (letzteres besonders für Erweiterung der Elementarmathematik wirkend) sind dem Werke gleichfalls sehr förderlich gewesen.

Möge denn auch dieses Büchlein für den mathematischen Unterricht nützlich und anregend wirken.

Der nächste dritte Cursus wird die Stereometrie umfassen und im October d. J. vollendet sein.

Es ist meine Absicht, diesen dann noch mehrere Curse gleichen Umfanges, über Arithmetik, Algebra, Trigonometrie, analytische Geometrie und über die höhern Theile der Mathematik folgen zu lassen, und daran praktische Curse anzuschließen, die besonders die Grundlehren der Physik, so weit sie mathematisch sind, klar und einfach darstellen sollen.

Die Ausführung dieser Entschlüsse, zu der es mir an Vorarbeiten nicht fehlt, ist zunächst von dem abhängig, was nur Gott zu geben vermag, dann aber auch von der Aufnahme dieser ersten Curse, die den folgenden mehr oder minder zur Grundlage dienen.

Berlin, im Juni 1852.

August.

Druckfehlerverbesserungen.

Im ersten Cursus.

S. 33 in der ersten und zweiten Zeile des Lehrsatzes §. 22 ist Winkel und Winkeln statt Seiten zu setzen.

S. 131 die vierte Spalte enthält einige falsche Ziffern in der letzten Decimalstelle. Sie sind aus der Spalte P_n S. 44 des zweiten Cursus leicht zu berichtigen.

Im zweiten Cursus.

S. 48 unten ist zweimal $k^2 + c^2$ statt $k + c^2$ zu lesen.

Eilfter Abschnitt.

Fortsetzung der allgemeinen Größenlehre. Vergleichung der Größen durch ihre Theile, Verhältnisse und Proportionen.

§. 1. Lehrsatz.

Wenn eine Größe in beliebig viele ungleiche Stücke zerlegt, und zugleich auch in eben so viele gleiche Theile getheilt wird; so ist das kleinste oder eins der kleinsten ungleichen Stücke kleiner als einer der gleichen Theile.

Beweis.

Die Linie (welche hier als Beispiel jeder anderen Größe gewählt wird) AB (Fig. 1.) sei in die ungleichen Stücke AC, CD, DE, EB zerlegt, zugleich auch in die gleichen Theile AF, FG, GH, HB. Es sei EB das kleinste Stück,

dann ist $EB < DE$, also $2\,EB < DB$ (Abschn. I, §. 7.),

ebenso ist $EB < CD$, also $3\,EB < CB$;

und endlich $EB < AC$, also $4\,EB < AB$;

daher $EB < \frac{1}{4} AB$, d. h. $EB < AF$.

Was zu beweisen war.

Wäre $EB = ED$; so wäre zwar $2EB = DB$; aber da $EB < CD$; so wäre doch $3\,EB < CB$; und eben so $4EB < AB$; so daß auch in dem Falle, daß EB nicht das kleinste sondern eines der kleinsten Stücke ist, es ebenfalls kleiner ist als einer der gleichen Theile.

Anm. Die geraden Linien werden in diesem Abschnitte als Stellvertreter gleichartiger Größen angewendet zur Veranschaulichung dessen, was man als allgemein für alle gleichartigen Größen geltend erweisen will.

§. 2. Erklärung.

Wenn man von einer Größe die Hälfte oder mehr, von dem Uebrigbleibenden wieder die Hälfte oder mehr hinwegnimmt, und in der Weise fortfährt, von dem jedesmal Uebrigbleibenden die Hälfte oder mehr hinweg zu nehmen; so heißen die hinweggenommenen Stücke, exhaurirende Bestandtheile der Größe.

§. 3. Lehrsatz.

Wenn man aus einer Größe fortdauernd exhaurirende Bestandtheile herausnimmt; so ist ein Uebrigbleibendes kleiner als irgend eine gegebene gleichartige Größe.

Beweis.

Es sei (Fig. 2.) die Linie AB und eine viel kleinere Linie CD gegeben. Man vervielfältige CD, bis das Vielfache CE, welches das 6fache von CD sein mag, größer als AB ist. Dann nehme man aus AB 5 exhaurirende Bestandtheile heraus, AF, FG, GH, HK, KL; so ist das Uebrigbleibende LB kleiner als CD.

Denn da AF wenigstens der Hälfte von AB gleich ist; so ist $AF > FG$,

aus demselben Grunde ist $FG > GH$, $GH > HK$, $HK > KL$.

Die Linie AB besteht also aus 6 ungleichen Stücken, und BL ist entweder das kleinste oder eines der beiden kleinsten Stücke;

$$\text{also ist } BL < \tfrac{1}{6} AB, \text{ und da } AB < CE \text{ ist;}$$

$$\text{so ist auch } LB < \tfrac{1}{6} CE, \text{ d. h. } LB < CD.$$

Was zu beweisen war.

§. 4. Lehrsatz.

Wenn aus zwei Größen fortdauernd gleiche und für beide exhaurirende Bestandtheile herausgenommen werden können; so sind die Größen selber gleich.

Beweis.

Es seien (Fig. 3.) die Linien AB und CD so beschaffen, daß der erste exhaurirende Bestandtheil AE in AB dem ersten exhaurirenden Bestandtheile CF in CD gleich ist und eben so der zweite EG in AB dem zweiten FH in CD und so fort; so soll CD = AB sein.

Wäre eine der Linien größer, z. B. CD, so daß CK = AB wäre; so hätten beide Linien den Unterschied KD.

Wenn man nun fortdauernd Theile aus AB herausnimmt und zugleich eben so große aus CD; so kann doch überhaupt aus CD nicht mehr herausgenommen werden als AB, d. i. CK; es bleibt also in CD doch immer ein Rest, der größer als KD ist.

Sind aber die herausgenommenen Stücke exhaurirende Bestandtheile von CD; so müßte ein Rest gefunden werden, der kleiner als KD ist. Es kann also CD nicht ungleich mit AB sein; daher ist CD = AB. Was zu beweisen war.

§. 5. Erklärung.

Zwei gleichartige Größen heißen commensurabel; wenn die eine ein genaues Vielfaches der anderen, oder irgend eines genauen Theiles der anderen ist.

Die geraden Linien A und B (Fig. 4.) sind gleichartig (I, 2.). Sie sind auch commensurabel; wenn, wie in der Figur angedeutet ist, B das Dreifache von A ist. Ebenso ist C commensurabel mit B, wenn C den dritten Theil von B fünfmal enthält.

Anm. Man kann im ersten Falle A als Maaß von B betrachten (X, 1.), und im zweiten Falle den dritten Theil von B als Maaß von C. Dann erscheinen sowohl A und B, als auch B und C durch dasselbe Maaß meßbar. Dies wird durch das Wort commensurabel angedeutet.

§. 6. Lehrsatz.

Wenn zwei Größen einer dritten commensurabel sind; so sind sie unter sich commensurabel.

Beweis.

Wenn (Fig. 5.) A mit B commensurabel ist; so muß es einen Theil von A geben, der genau mehrmal in B enthalten ist. Dies sei der Theil AD, der zweimal in A und dreimal in B enthalten ist. Wenn nun auch B mit C commensurabel ist; so muß es auch ein gemeinsames Maaß für B und C geben. Es sei dies der vierte Theil von B, nämlich BE, der fünfmal in C enthalten ist.

Theilt man nun den Maaßtheil AD, den A mit B gemein hat, in 4 Theile, deren einer AF ist;

so ist offenbar A = 8 AF, B = 12 AF;

also BE, als vierter Theil von B, = 3 AF;

folglich C = 15 AF.

Es ist also AF gemeinsames Maaß für A und C; folglich A mit C commensurabel durch AF.

Man findet also jederzeit den neuen Maaßtheil; wenn man den gemeinschaftlichen Maaßtheil der ersten und zweiten Größe noch in so viel Theile theilt, als die zweite Größe Maaßtheile der dritten enthält.

§. 7. Lehrsatz.

Die Summe oder der Unterschied zweier commensurablen Größen ist mit jeder derselben commensurabel, eben so jedes Vielfache mit seinem Einfachen und jeder Theil mit seinem Ganzen.

Beweis.

Wenn AB (Fig. 6.) und BC ein gemeinsames Maaß AD haben, das z. B. 7mal in AB und 5mal in BC enthalten ist; so ist es auch 12mal in AC enthalten, also AC commensurabel zu AB und BC durch dasselbe Maaß AD.

Wenn AC mit AB commensurabel durch AD ist, und wenn AD zwölfmal in AC und 7mal in AB enthalten ist; so ist AD auch fünfmal in BC enthalten, also ist AD commensurabel zu AC und zu AB durch das Maaß AD.

Da das Einfache als Maaßtheil des Vielfachen, eben so ein genauer Theil als Maaßtheil des Ganzen betrachtet werden kann; so ist (nach §. 5.) auch das Vielfache mit dem Einfachen, und der Theil mit dem Ganzen commensurabel.

§. 8. Aufgabe.

Das größte gemeinsame Maaß zweier commensurablen Größen zu finden.

Auflösung und Beweis.

Es seien die beiden commensurablen Größen A und B gegeben, von diesen sei A > B. Man nehme die kleinere B, so oft als es angeht, aus der größeren A heraus. Bleibt kein Rest, so ist B das größte gemeinsame Maaß beider Größen.

Bleibt aber ein Rest A', so ist dieser kleiner als B, und das Herausgenommene ist gewiß ein exhaurirender Bestandtheil von A.

Da aber das Herausgenommene zugleich commensurabel mit A ist; so ist es auch der Rest A', und das gemeinsame Maaß für A und B kann nicht größer als A' sein; da es ja in A' enthalten sein muß.

Nun nehme man A' so oft aus B heraus, als es angeht,

Bleibt jetzt kein Rest; so ist A' das gemeinsame Maaß für A' und B, also auch für A.

Mithin ist dann A' das größte gemeinsame Maaß für A und B.

Bleibt aber ein Rest B'; so ist das herausgenommene Vielfache von A' gewiß exhaurirender Bestandtheil von B, und das größte gemeinsame Maaß von A' und B ist auch in B' enthalten.

Da aber das gemeinsame Maaß von A' und B auch das von A und B ist; so ist das gesuchte größte gemeinschaftliche Maaß auch in B' enthalten. Man nehme nun B', so oft aus A' heraus, als es geht.

Bleibt kein Rest; so ist B' das gemeinschaftliche Maaß von A' und B', also auch von A und B.

Bleibt ein Rest; so ist das herausgenommene Vielfache von B' gewiß ein exhaurirender Bestandtheil von A', also der zweite exhaurirende Bestandtheil von A. Setzt man diese Schlüsse fort; so ergiebt sich,

daß derjenige Rest, welcher in dem vorhergehenden Rest genau mehrmals enthalten ist, das größte gemeinschaftliche Maaß für A und B sein müsse.

Daß man aber in jedem Falle durch das beschriebene Verfahren das gemeinschaftliche Maaß von A und B findet, zeigt folgende Betrachtung.

So lange sich Reste finden, werden sie immer kleiner und kleiner. Träfe man daher auf diesem Wege nicht das gemeinsame Maaß von A und B; so erhielte man fortdauernd Reste und unter diesen auch einen, von dem sich nach dem Gesagten erweisen läßt, daß er kleiner ist als das gemeinsame Maaß von A und B (§. 3.) und zugleich auch, daß er dies gemeinsame Maaß enthält, also ein Vielfaches desselben ist. Aus diesem Widerspruch folgt, daß man auf diesem Wege durch dieses Verfahren des fortgesetzten Resterabzugs das größte gemeinschaftliche Maaß finden muß.

Anm. Dies Verfahren des fortgesetzten Resterabzugs wird in der Zahlenlehre angewendet, um den größesten gemeinschaftlichen ganzen Theiler ganzer Zahlen zu finden. Der letzte Rest ist in diesem Falle entweder eine ganze Zahl, die dann in beide untersuchte Zahlen aufgeht, oder 1, wenn die beiden Zahlen keinen anderen ganzen Theiler haben.

§. 9. Erklärung.

Zwei Größen heißen incommensurabel, wenn sie kein gemeinschaftliches Maaß haben, d. i., wenn kein Theil der ersten auch zugleich ein genauer Theil der zweiten ist.

Durch unmittelbare Messung wird es sich nicht darthun lassen, ob zwei gegebene gleichartige Größen commensurabel oder incommensurabel sind (X, 3 Anm. 3.). Dies muß vielmehr auf andere Weise durch mathematische Schlüsse aus der Entstehungsweise der gegebenen Größen erkannt werden.

Zunächst wird man leicht einsehen, daß zwei gleichartige Größen incommensurabel sind; wenn man von der größern die kleinere so oft hinwegnimmt als es geht, den Rest wieder von der kleineren so oft als es geht, den neuen Rest wieder von dem vorhergehenden Rest so oft als es geht und so fort, und wenn man dann erweislich durch den fortgesetzten Resterabzug nie auf einen Rest kommen kann, der in dem vorigen genau mehrmals enthalten ist.

Käme man nämlich auf einen solchen Rest; so wäre dieser nach §. 8. ein gemeinsames Maaß der untersuchten Größen. Da man nun nach der Annahme einen solchen Rest nie findet und doch bei diesem Verfahren auf Reste trifft, die kleiner als jede angegebene Größe sind; so kann also kein gemeinsames Maaß von irgend einer Größe vorhanden sein.

Dies ist das theoretische Kennzeichen der Incommensurabilität der Größen. Ein praktisches Verfahren des Messens kann nicht bis ins Unendliche fortgesetzt werden. Wohl aber läßt sich unter gewissen Voraussetzungen angeben, was bei einem ins Unendliche fortgesetzten Verfahren erfolgen muß.

Um dies durch Beispiele zu erläutern, zeigen wir zunächst,

a) daß die Diagonale eines Rechtecks, dessen eine Seite genau drei Viertheile der andern ist, diesen beiden Seiten commensurabel ist;

b) daß die Diagonale eines Quadrates der Seite desselben incommensurabel ist.

a) Es sei (Fig. 7.) im Rechteck ABCD

$$AB = 4\,AE,\quad BC = 3\,AE,$$

dann ist $AB^2 = 16\,AE^2$ und $BC^2 = 9\,AE^2$ (X, 14.);

demnach ist $AC^2 = 25\,AE^2$ (VI, 23.),

also auch $AC = 5\,AE$ (X, 15.);

also AE commensurabel zu AB und BC.

b) Es sei ferner (Fig. 8.) in dem Quadrate ABCD von C aus auf der Diagonale CA ein Stück CE = CB abgeschnitten, und in E auf AC das Perpendikel EF errichtet;

dann auf der Linie FA von F aus das Stück FG = EF abgeschnitten und in G auf AB das Perpendikel GH errichtet;

dann auf HA die Linie HK = HG abgeschnitten und das Perpendikel KL auf AC errichtet.

Durch Fortsetzung dieses Verfahrens werden auf der jedesmaligen Hypotenuse des entstehenden kleineren rechtwinkligen Dreiecks die Katheten abgetragen, und in den Endpunkten der abgetragenen Linien Perpendikel bis zur andern Kathete errichtet.

Daß diese Construction ins Unendliche fortgeführt werden kann, sieht man leicht ein; da die Kathete immer kleiner als die Hypotenuse ist:

$$CB < CA,\ EF < FA,\ GH < HA,\ KL < LA \text{ u. s. w.}$$

Da nun CBA ein gleichschenkliges Dreieck, also Winkel ACB = CAB ist da ferner ABC ein rechter Winkel ist; so ist $EAF = \frac{1}{2}R$; also ist im Dreieck AEF, das bei E einen rechten Winkel hat, und bei A einen halben rechten, auch

der Winkel $AFE = \frac{1}{2}R$,

also $EAF = EFA$

und folglich $EF = EA$.

Eben so wird gezeigt, daß

$$GH = GA,\ KL = KA,\ NM = MA \text{ u. s. w.}$$

Zieht man noch EB; so ist

Winkel $CEF = CBF = R$,

$CEB = CBE$ (IV, 8a.),

also $FEB = EBF$ (I. 8.),

$FB = FE$ (IV, 15.).

Da nun auch FG = FE; so ist BG = 2 EF = 2 EA.

Eben so wird gezeigt, daß GM = 2 KA u. s. w.

Sieht man nun auf die Seite AB und die Diagonale CA; so hat man zuerst AB, so oft es ging, d. h. einmal, von CA abgenommen,

den Rest EA, so oft es ging, d. i. zweimal von BA,

den Rest GA, d. i. GH so oft es ging, d. i. zweimal von EA,

den Rest KA, so oft es ging, d. h. zweimal von GA u. s. w., und es ist ein Rest MA geblieben.

Es muß aber auch fortdauernd ein Rest bleiben; so oft man auch den letzten Rest von dem vorhergehenden hinwegnimmt

Es sind also die beiden Linien AB und CA, d. h. die Seite und die Diagonale des Quadrates, incommensurabel.

Anm. Durch Betrachtungen aus der Zahlenlehre und durch Vergleichung des Flächeninhalts der Quadrate überzeugt man sich von der Richtigkeit des letzten Satzes sehr leicht. Ist die Seite eines Quadrates 1; so ist die Fläche des Quadrates der Diagonale 2, also die Länge derselben $\sqrt{2}$. Dieses ist ein sogenannter irrationaler Ausdruck, der incommensurabel zur Einheit ist. Die Diagonale läßt sich also durch keinen Theil der Seite messen.

§. 10. Erklärung.

Das Verhältniß zweier gleichartigen Größen ist die Zusammensetzung der einen aus Theilen der anderen. Die Größe, deren Theile man bei der Vergleichung zu Grunde legt, heißt das Vorderglied des Verhältnisses, die Größe, welche man aus Theilen der ersten zusammensetzt, heißt Hinterglied des Verhältnisses. Man deutet die so betrachtete Vergleichung beider Größen, d. h. das Verhältniß beider Größen an, indem man zwischen die Bezeichnungen des Vorder- und Hintergliedes ein Kolon (:) setzt. Die Zahlen, welche angeben, in wie viele Theile das Vorderglied zerlegt ist, und wieviel solcher Theile vollständig in dem Hintergliede enthalten sind, heißen Verhältnißzahlen. Zwei Verhältnisse sind gleich; wenn sie bei jeder Theilung des Vordergliedes immer gleiche Verhältnißzahlen haben. Ein Verhältniß umkehren, heißt das Vorderglied mit dem Hintergliede vertauschen.

Wenn die Vergleichung der Linien A und B (Fig. 9.) ergiebt, daß der dritte Theil von A fünfmal in B enthalten ist, so kennt man das Verhältniß dieser Linien. A ist dann Vorderglied, B ist Hinterglied. Das Verhältniß wird bezeichnet A : B und die Verhältnißzahlen sind 3 und 5.

Wählt man B zum Vordergliede und A zum Hintergliede; so ist das Verhältniß B : A mit den Verhältnißzahlen 5, 3 die Umkehrung des vorigen.

Vergleicht man die Linien AB und CD (Fig. 10.) dadurch, daß man den zehnten Theil von AB in der Linie BD siebenzehnmal bis E vollständig vorfindet und noch einen kleinen Rest ED; so betrachtet man ebenfalls das Verhältniß der Linien AB : CD und die Verhältnißzahlen sind 10 und 17.

Im erstern Falle wird das Verhältniß durch die Zahlen 3 und 5 ganz genau ausgedrückt, weil B genau 5 Drittheile von A enthält.

Im zweiten Falle wird das Verhältniß AB : CD nicht ganz genau durch die

Verhältnißzahlen 10 und 17 ausgedrückt, weil BD größer ist als 17 Zehntheil der Linie AB. Die Abweichung ED ist aber kleiner als der Maaßtheil.

Die Genauigkeit des Ausdrucks wird in solchem Falle der zweiten Art zunehmen, je größer die Anzahl der Theile des Vordergliedes oder je kleiner der Maaßtheil ist.

§. 11. Lehrsatz.

Zwei Verhältnisse sind gleich, wenn sie durch dieselben Verhältnißzahlen beide gleich genau ausgedrückt werden können.

Beweis.

Wenn sowohl das Verhältniß der Größen A und B als auch das Verhältniß der Größen C und D ganz genau durch die Zahlen 2 und 3 ausgedrückt wird; so ist das Verhältniß A : B dem Verhältniß C : D gleich.

Denn, gesetzt a ist die Hälfte von A und c die Hälfte von C; so ist

$$A = 2a,\quad B = 3a,\quad C = 2c,\quad D = 3c.$$

Theilt man nun a in beliebig viele Theile, z. B. in 5 Theile (ein Theil sei a') und c in eben so viele (ein Theil sei c'), so ist

$$A = 10a',\quad B = 15a',\quad C = 10c',\quad D = 15c'.$$

Es ist also auch für die Eintheilung der Vorderglieder in 10 Theile das Verhältniß A : B dem Verhältniß C : D genau gleich.

In dieser Weise würde man durch Zahlen, die gleiche Vielfache von 2 und 3 sind, das Verhältniß sowohl von A : B als auch C : D genau ausdrücken.

Wählte man aber irgend eine beliebige Eintheilungszahl des Vordergliedes z. B. 7; so benenne man den 7. Theil von a mit a'' und den 7. Theil von C mit c'', dann ist:

$$A = 14a'',\quad B = 21a'',\quad C = 14c'',\quad D = 21c''.$$

Nimmt man nun den siebenten Theil der Vorderglieder für die Bestimmung, der beiden Verhältnisse als Maaßtheil an; so ist dieser im ersten Verhältniß 2a'', im zweiten 2b'' und im ersten Verhältniß 10mal, eben so auch im zweiten 10mal im Hintergliede enthalten; so daß beide Verhältnisse durch die Zahlen 7 und 10 gleich angenähert ausgedrückt werden.

In derselben Weise läßt sich für alle andern Eintheilungszahlen der ersten Glieder zeigen, daß die Verhältnißzahlen sich gleich bleiben, auch wenn sie das Verhältniß nur angenähert genau ausdrücken.

Die Gleichheit der Verhältnisse incommensurabler Größen läßt sich nur durch Schlüsse darthun, aus welchen hervorgeht, daß, wie man auch jedes Vorderglied eintheilen möge, die Verhältnißzahlen in beiden immer gleich sind.

So findet man z. B. als Verhältnißzahlen für die Seite und die Diagonale eines jeden Quadrates der Reihe nach

3 : 4, 4 : 5, 5 : 7, 6 : 8, 7 : 9, 8 : 11, 9 : 12, 10 : 14,
100 : 141, 1000 : 1414, 10000 : 14141, 100000 : 141421,
1000000 : 1414213.

Bei der Bestimmung durch die zuletzt angeführten Verhältnißzahlen wird nicht um den millionten Theil des Vordergliedes im Hintergliede gefehlt. Da diese Zahlen bei jedem Quadrate gelten; so hat auch in jedem Quadrate die Seite zur Diagonale dasselbe Verhältniß.

Anm. 1. Das Verhältniß commensurabler Größen wird ein rationales, das Verhältniß incommensurabler gleichartiger Größen ein irrationales genannt.

Anm. 2. Es ergiebt sich unmittelbar aus der Erklärung §. 10. und aus den hier durchgeführten Betrachtungen der

Erste Zusatz.

Wenn zwei Verhältnisse einem dritten gleich sind; so sind sie unter sich gleich. Desgleichen der

Zweite Zusatz.

Wenn bei zwei gleichen Verhältnissen das Vorderglied des einen kleiner oder größer ist als das Hinterglied, so findet dasselbe bei dem andern Verhältnisse statt.

§. 12. Lehrsatz.

Bei gleichen Verhältnissen zwischen gleichartigen Größen hat die Summe der Vorderglieder zur Summe der Hinterglieder dasselbe Verhältniß.

Beweis.

Es seien A, B, C, D vier gleichartige Größen, und das Verhältniß A : B dem Verhältniß C : D gleich. Es soll auch A + C : B + D jedem dieser Verhältnisse gleich sein.

a) Sind beide Verhältnisse commensurabel; so werden sie genau durch gleiche Verhältnißzahlen ausgedrückt, z. B. durch 5 und 7.

Nun nenne man a den fünften Theil von A und c den fünften Theil von C;

$$\text{so ist } A + C = 5a + 5c = 5\,(a + c),$$
$$B + D = 7a + 7c = 7\,(a + c).$$

Sieht man also a + c als Maaßtheil an, so sind 5 und 7 auch Verhältnißzahlen für A + C und B + D.

b) Sind beide Verhältnisse incommensurabel; so nehme man einen beliebigen Maaßtheil, z. B. den zehnten Theil des ersten Gliedes, an; dann wird jedes Hinterglied den Maaßtheil des Vordergliedes gleich oft vollständig enthalten, z. B. 17mal. Man hat dann

$$A = 10a,\ B = 17a + x,\ \text{wo } x < a,$$
$$C = 10c,\ D = 17c + y,\ \text{wo } y < c;$$
$$\text{also } A + C = 10\,(a + c),$$
$$(B + D) = 17\,(a + c) + (x + y),\ \text{wo } x + y < a + c.$$

Es wird also auch das Verhältniß von A + C : B + D dieselben Verhältnißzahlen für jeden beliebigen Maaßtheil des Vordergliedes haben.

c) Was für zwei gleiche Verhältnisse bewiesen ist, gilt auch für mehrere; da man jedesmal zuerst die Glieder von zweien zusammenfassen und dann die des dritten hinzunehmen kann.

Sind z. B. A : B, C : D, E : F, G : H vier gleiche Verhältnisse;

so ist A + C : B + D ein gleiches Verhältniß mit E : F,

also auch A + C + E : B + D + F ein gleiches Verhältniß mit G : H;

also auch A + C + E + G : B + D + E + H mit G : H, d. h. mit jedem der gegebenen.

§. 13. Lehrsatz.

Wenn zwei Verhältnisse gleich sind; so haben die Unterschiede der Vorderglieder zu den Unterschieden der Hinterglieder dasselbe Verhältniß.

Der Beweis wird wie §. 12. geführt, nur daß nicht die Summe der Maaßtheile a + c, sondern die Differenz derselben a — c als neuer Maaßtheil für das Verhältniß der Differenzen A — C : B — D angesehen wird.

§. 14. Lehrsatz.

Die gleichen Vielfachen haben das Verhältniß der Einfachen und die gleichvielten Theile das Verhältniß der Ganzen.

Beweis.

Ist A ein Vielfaches von a, z. B. das Fünffache, und B ein eben solches Vielfaches von b; so kann man das Verhältniß von A : B sich entstanden denken durch Addition der Vorder- und Hinterglieder von 5 gleichen Verhältnissen, deren jedes a : b ist.

Dann hat 5a : 5b, d. h. A : B, dasselbe Verhältniß wie a : b (§. 12.).

Ist ferner a der fünfte Theil von A, und b der fünfte Theil von B; so kann man A als Vielfaches von a, und B als Gleichvielfaches von b betrachten;

dann ist das Verhältniß A : B dem Verhältniß a : b gleich, wie eben gezeigt worden.

§. 15. Lehrsatz.

Wenn zwei Verhältnisse gleich sind; so sind auch ihre Umkehrungen gleich.

Beweis.

a) Für commensurable Größen ist der Satz an sich klar. Die Verhältnißzahlen bleiben ja dieselben.

b) Hat man aber zwei Verhältnisse incommensurabler Größen, A : B und C : D; deren jedes durch die Zahlen 10 : 13 ausgedrückt wäre; so daß das Hinterglied jedesmal mehr enthielte als 13 Zehntel des Vordergliedes; so würde es zugleich weniger als 14 Zehntel enthalten.

Setzt man also B : A; so ist

$$A > \tfrac{10}{14} B \text{ und eben so ist } D > \tfrac{10}{14} C.$$

Es werden also für diese Annahme beide Verhältnisse durch dieselben Zahlen 14 : 10 ausgedrückt. Daß für jeden anderen Zahlenausdruck der gleichen Verhältnisse sich dasselbe ergiebt, ist einleuchtend.

§. 16. Erklärung.

In einer beliebigen Reihenfolge gleichartiger Größen kann man zur Auffassung des Verhältnisses der ersten zur letzten gelangen; wenn man jedes Verhältniß zweier aufeinanderfolgender Größen kennt. Das Verhältniß der ersten zur letzten heißt dann das aus den einzelnen **zusammengesetzte Verhältniß**. Sind die Verhältnisse, aus denen ein Verhältniß zusammengesetzt ist, gleich; so heißt das aus **zweien** zusammengesetzte das doppelte Verhältniß jedes der einfachen. Durch Zusammensetzung dreier gleicher Verhältnisse entsteht das dreifache Verhältniß u. s. f.

Sind A, B, C, D, E gleichartige Größen; so ist das Verhältniß A : E zusammengesetzt aus den Verhältnissen A : B, B : C, C : D, D : E.

Sind die Verhältnisse A : B, B : C, C : D, D : E einander gleich; so ist A : C das zweifache, A : D das dreifache, A : E das vierfache Verhältniß.

Daß zwei Verhältnisse zusammengesetzt werden sollen, wird dadurch bezeichnet, daß die beiden Verhältnisse uber einander geschrieben und in Klammern eingeschlossen werden.

Die Zusammensetzung von A : B und C : D ist also bezeichnet durch $\left\{\begin{matrix} A : B \\ C : D \end{matrix}\right\}$.

Auch wird der Kürze wegen ein vielfaches Verhältniß durch Einklammerung mit beigefügter Zahl bezeichnet, das doppelte Verhältniß a : m durch $(a : m)^2$, das dreifache von a : m durch $(a : m)^3$ u. s. w.

§. 17. Aufgabe.

Die Verhältnißzahlen eines zusammengesetzten Verhältnisses aus den Verhältnißzahlen der einzelnen Verhälinisse zu finden.

Beweis.

Seien die drei gleichartigen Größen A, B, C gegeben, und A : B habe die Verhältnißzahlen 2 und 3, B : C die Verhältnißzahlen 4 und 5. a sei Maaßtheil für das erste, b Maaßtheil für das zweite dieser Verhältnisse; so ist

$$A = 2a,\ B = 3a,\ B = 4b,\ C = 5b.$$

Nun theile man jeden Maaßtheil a noch in 4 Theile, deren jeder a' ist;

so ist $A = 8a',\ B = 12a'$,

und weil $B = 4b$; so ist $b = 3a'$,

also auch $C = 15a'$.

Es sind also für A : C die Verhältnißzahlen 8 und 15. Da nun der Maaßtheil des ersten Verhältnisses a in soviel Theile getheilt war, als die erste Verhältnißzahl des zweiten Verhältnisses Einheiten hat (nämlich 4); und da A den Maaßtheil a so oft enthält als Einheiten in der ersten Verhältnißzahl des ersten Verhältnisses vorhanden sind (nämlich 2); so ist die erste Verhältnißzahl des zusammengesetzten Verhältnisses (nämlich 8) durch Vervielfältigung der Verhältnißzahlen für die Vorderglieder entstanden ($2 \times 4 = 8$). Auf gleiche Weise wird klar, daß die Verhältnißzahl für das Hinterglied in dem zusammengesetzten Verhältnisse durch Vervielfältigung der Verhältnißzahlen für die Hinterglieder entstanden ist (3 × 5 = 15).

Sollen drei Verhältnisse zusammengesetzt werden; so hat man die Zusammensetzung der ersten beiden mit dem dritten in derselben Weise zusammen zu setzen. Es findet sich dann als Verhältnißzahl des Vordergliedes die Vervielfältigungszahl der Verhältnißzahlen der Vorderglieder, und als Verhältnißzahl des Hintergliedes die Vervielfältigungszahl der Verhältnißzahlen der Hinterglieder.

Die Verhältnißzahlen für die Zusammensetzung solcher Verhältnisse, unter denen sich auch incommensurable Größen befinden, werden auf dieselbe Weise berechnet; nachdem man zuvor irrationale Verhältnisse durch solche rationale ersetzt hat, deren Abweichung von den irrationalen für den Zweck der Rechnung vernachlässigt werden darf.

So würde man z. B. für das Verhältniß der Seite eines Quadrates zur Diagonale unbeschadet der Brauchbarkeit des Resultates in den meisten Fällen das commensurable Verhältniß 1000000 : 1414213 anwenden können (§. 11. Anm. 1.).

§. 18. Lehrsatz.

Wenn zwei oder mehr Verhältnisse einzeln gleich sind zweien oder mehr anderen Verhältnissen; so sind auch ihre Zusammensetzungen gleich.

Beweis.

Ist das Verhältniß A : B gleich dem Verhältniß C : D

und E : F gleich dem G : H, so soll auch die Zusammensetzung

$$\begin{Bmatrix} A : B \\ E : F \end{Bmatrix} \text{ gleich mit } \begin{Bmatrix} C : D \\ G : H \end{Bmatrix} \text{ sein.}$$

Man denke sich die drei gleichartigen Größen, P, Q, R, davon P : Q das Verhältniß A : B hat und Q : R das Verhältniß E : F; so ist die Zusammensetzung beider Verhältnisse $\begin{Bmatrix} A : B \\ E : F \end{Bmatrix}$ zugleich das Verhältniß P : R (§. 16.).

Da aber das Verhältniß A : B dem Verhältniß C : D gleich ist; so ist C : D auch das Verhältniß P : Q. Eben so ist auch G : H das Verhältniß Q : R; also ist die Zusammensetzung

$$\begin{Bmatrix} C : D \\ G : H \end{Bmatrix} \text{ ebenfalls das Verhältniß P : R.}$$

Beide Zusammensetzungen sind also gleich. Dasselbe ergiebt sich für die Zusammensetzung mehrerer gleichen Verhältnisse. Da man überhaupt das aus Zusammensetzung zweier Verhältnisse entstandene Verhältniß wieder als Bestandtheil einer neuen Zusammensetzung ansehen kann; so ergiebt sich leicht, daß der Lehrsatz auch für mehrere Paare gleicher Verhältnisse gültig ist; so wie der

Zusatz.

Wenn zwei Verhältnisse gleich sind; so sind auch die doppelten Verhältnisse einander gleich, eben so die dreifachen, die vierfachen, kurz alle gleichvielfachen.

§. 19. Erklärung.

Die Zusammenstellung zweier gleicher Verhältnisse wird Proportion genannt. Verbindet man die Ausdrücke der gleichen Verhältnisse durch das Gleichheitszeichen; so werden die Glieder der einzelnen Verhältnisse zu Gliedern der Proportion. Die Anfangsglieder oder die Endglieder der beiden gleichen Verhältnisse heißen dann homologe Glieder. Aeußere Glieder der Proportion sind das erste und vierte Glied; innere Glieder das zweite und dritte. Wenn die inneren Glieder einander gleich sind; so heißt die Proportion eine stätige, und eines der gleichen inneren Glieder heißt, in Bezug auf die beiden äußeren Glieder, die mittlere Proportionale derselben.

Ist demnach eine Proportion:

$$A : B = C : D;$$

so sind A und C, so wie B und D die homologen Glieder,

A, D die äußeren, B, C die inneren. Ist $B = C$ also die stätige Proportion:

$$A : B = B : D;$$

so ist B die mittlere Proportionale zu A und D.

Anm. Die Größen A und C in einer viergliedrigen Proportion sind nicht nothwendig gleichartig; jedoch müssen A mit B und C mit D gleichartig sein. In einer stätigen Proportion sind alle drei Glieder gleichartige Größen.

§ 20. Lehrsatz.

Die vier Glieder einer Proportion gleichartiger Größen sind wieder in Proportion; wenn man entweder a) beide Verhältnisse vertauscht, oder b) beide Verhältnisse umkehrt, oder c) die mittleren Glieder verwechselt. Hieraus ergeben sich acht Umstellungen einer solchen Proportion, indem man die Aufstellung mit jedem Gliede beginnen, und, wenn dies ein äußeres ist, mit den beiden inneren, wenn es ein inneres ist, mit den beiden äußeren in beliebiger Ordnung fortsetzen kann.

Beweis.

Sind A, B, C, D gleichartige Größen und bilden sie die Proportion:

$$A : B = C : D;$$

so folgt aus §. 19. auch die Proportion:

$$C : D = A : B.$$

Eben so ergiebt sich aus §. 15. die Proportion:

$$B : A = D : C.$$

Die dritte Behauptung unseres Satzes ergiebt sich in folgender Weise an Fig. 11., in welcher die Linien als Stellvertreter gleichartiger Größen dienen.

Es sei die Hälfte von A, d. i. α dreimal in B enthalten, so muß auch die Hälfte von C, d. i. γ dreimal in D enthalten sein. Es ist also:

$$A = 2\alpha,\ C = 2\gamma,\quad B = 3\alpha,\ D = 3\gamma.$$

Demnach ist (nach §. 14.) sowohl das Verhältniß A : C als auch das Verhältniß B : D dem Verhältnisse $\alpha : \gamma$ gleich. Folglich sind sie unter einander gleich und daher

$$A : C = B : D.$$

Es giebt demnach acht verschiedene Anordnungen der Glieder einer Proportion gleichartiger Größen, nämlich:

1) A : B = C : D,
2) A : C = B : D (nach c aus der ersten abzuleiten),
3) B : A = D : C (nach b aus der ersten),
4) B : D = A : C (nach c aus der dritten),
5) C : D = A : B (nach a aus der ersten),
6) C : A = D : B (nach c aus der fünften),
7) D : B = C : A (nach b aus der vierten),
8) D : C = B : A (nach c aus der siebenten)

Anm. 1 Bei einer stätigen Proportion fallen die Aufstellungen 1 und 2 zusammen, eben so 3 und 5, desgleichen 4 und 6, so wie auch 7 und 8. Eine solche Proportion hat also nur vier verschiedene Aufstellungen.

Anm. 2. Wenn die Glieder des ersten Verhältnisses nicht gleichartig sind mit den Gliedern des zweiten; so sind ebenfalls nur vier Anordnungen der Glieder möglich, die erste, dritte, fünfte und achte; da ungleichartige Größen nicht ein Verhältniß bilden können. Wenn man aber in solchem Falle eines der Verhältnisse durch ein gleiches Verhältniß solcher Größen ersetzt, die den Gliedern des andern gleichartig sind; so können nach dieser Verwandlung die acht Aufstellungen eintreten.

§. 21. Lehrsatz.

In jeder Proportion kann man statt zweier homologen Glieder die Summe oder Differenz der ihnen zugehörigen Verhältnißglieder setzen und in dieser Weise fünf Proportionen aus einer gegebenen ableiten.

Beweis.

Wenn in der Proportion

$$A : B = C : D$$

das erste Verhältniß, durch einen Maaßtheil a gemessen, die Verhältnißzahlen 8 : 5 hat; so hat auch das zweite Verhältniß, durch einen Maaßtheil c gemessen, die Verhältnißzahlen 8 : 5.

Vereinigt man nun A mit B, so enthält A+B 13 Maaßtheile a, und C+D 13 Maaßtheile b.

Das Verhältniß $A + B : B$ hat also die Verhältnißzahlen 13 und 5; dieselben Verhältnißzahlen hat aber auch das Verhältniß $C + D : D$.

Beide Verhältnisse lassen sich daher in die Proportion zusammenstellen:

1) $A + B : B = C + D : D$.

Auf dieselbe Weise läßt sich herleiten:

2) $A - B : B = C - D : D$, eben so

3) $A : A + B = C : C + D$ und

4) $A : A - B = C : C - D$, endlich noch

5) $A + B : A - B = C + D : C - D$.

Daß der Beweis auch für Proportionen mit incommensurablen Größen gilt, ergiebt sich aus §. 11.

Anm. Da man auf die hier erhaltenen 6 Proportionen den vorigen Lehrsatz anwenden, d. h. einer jeden 8 verschiedene Umstellungen geben kann, so zeigt dies zunächst den Zusammenhang von 48 Proportionen. Durch Vervielfältigung nnd Theilung der homologen Glieder und der Glieder desselben Verhältnisses läßt sich jedoch eine unbegrenzte Zahl von Proportionen aus einer einzigen ableiten; so daß durch die Anwendung der hier vorgetragenen Sätze eigentlich jede Proportion aus jeder gegebenen abgeleitet werden kann.

§. 22. Lehrsatz.

Aus zwei oder mehreren Proportionen kann durch Zusammensetzung der ersten und zweiten Verhältnisse eine neue Proportion gebildet werden.

Beweis.

Sind die Proportionen:

$$A : B = C : D, \quad E : F = G : H, \quad K : L = M : N$$

gegeben; so ist nach der §. 16. erklärten Bezeichnung:

$$\left\{\begin{matrix} A : B \\ E : F \\ K : L \end{matrix}\right\} = \left\{\begin{matrix} C : D \\ G : H \\ M : N \end{matrix}\right\}$$

wie unmittelbar aus §. 18. folgt.

§. 23. Lehrsatz.

Eine Zusammensetzung mehrerer Proportionen giebt jederzeit neue Proportionen; wenn man entweder:

1) Beliebige Umstellungen mit den Hintergliedern oder Vordergliedern der einzelnen Verhältnisse vornimmt, oder
2) Beliebige Größen als Hinter- und Vorderglieder zugleich einschaltet, oder
3) Gleiche Vorder- und Hinterglieder gänzlich unberücksichtigt läßt, oder
4) Ein Verhältniß von einer Seite ganz wegnimmt, und dafür das umgekehrte Verhältniß auf die andere Seite bringt.

Beweis.

1) Es ist zu zeigen, daß

$$\left\{\begin{matrix} C : D \\ E : F \\ G : H \\ K : L \end{matrix}\right\} = \left\{\begin{matrix} C : F \\ E : H \\ K : D \\ G : L \end{matrix}\right\}$$

ist und überhaupt jede andere Vertauschung der Vorderglieder unter sich und der Hinterglieder unter sich vorgenommen werden kann, ohne den Werth des zusammengesetzten Verhältnisses, den wir mit $A : B$ bezeichnen wollen, zu ändern.

Da die Verhältnißzahlen des zusammengesetzten Verhältnisses (nach §. 17.) durch Vervielfältigung aus den Verhältnißzahlen der einzelnen Verhältnisse entstehen, und es für das letzte Ergebniß gleichgültig ist, in welcher Reihenfolge die Vervielfältigung geschieht; so wird man bei jeder beliebigen Anordnung der Vorderglieder unter sich und der Hinterglieder unter sich gleiche Verhältnißzahlen für das zusammengesetzte Verhältniß erhalten.

Wäre also in unserem Falle:

$$C : D = 3 : 4 \qquad E : F = 5 : 7$$
$$G : H = 6 : 11 \qquad K : L = 13 : 8$$

so ist $3 . 6 . 5 . 13 = 3 . 6 . 13 . 5 = 1170$

und $4 . 11 . 7 . 8 = 11 . 7 . 4 . 8 = 2464$

$$\text{also} \left\{\begin{matrix} C : D \\ E : F \\ G : H \\ K : L \end{matrix}\right\} = \left\{\begin{matrix} C : F \\ E : H \\ K : D \\ G : L \end{matrix}\right\} = 1170 : 2464$$

2) Für den Beweis des zweiten Theils gehen wir auf die ursprüngliche Bedeutung der zusammengesetzten Verhältnisse zurück und denken uns die Größen

$$P, Q, R, S,$$

deren Verhältnisse dargestellt sind durch

$$P : Q = A : B, \quad Q : R = C : D, \quad R : S = E : F.$$

$$\text{Dann ist } P : S = \left\{\begin{matrix} A : B \\ C : D \\ E : F \end{matrix}\right\}.$$

Man kann zwischen diesen vier Größen P, Q, R, S beliebig viele andre eingeschaltet denken, z. B. T zwischen P und Q, U zwischen R und S, und annehmen

$$P : T = A : G, \quad T : Q = G : B \text{ desgleichen}$$
$$R : U = E : H, \quad U : S = H : F.$$

Dann hat man (nach §. 18.)

$$\begin{matrix} P : T = A : G \\ T : Q = G : B \\ Q : R = C : D \\ R : U = E : H \\ U : S = H : F \end{matrix} \quad \text{also } P : S = \left\{\begin{matrix} A : G \\ G : B \\ C : D \\ E : H \\ H : F \end{matrix}\right\}$$

wobei nun nach dem ersten Falle beliebige Vertauschungen der Vorderglieder unter sich und der Hinterglieder unter sich zulässig sind.

3) Hat man daher die Verhältnisse

$$A : B, \quad C : D, \quad B : E, \quad D : F, \quad G : H$$

zusammenzusetzen, in denen Vorderglieder vorkommen, die Hintergliedern gleich sind; so ist

$$\left\{\begin{matrix} A : B \\ C : D \\ B : E \\ D : F \\ G : H \end{matrix}\right\} = \left\{\begin{matrix} A : B \\ B : E \\ C : D \\ D : F \\ G : H \end{matrix}\right\} = \left\{\begin{matrix} A : E \\ C : F \\ G : H \end{matrix}\right\}$$

Denn aus dem Beweise des zweiten Falles ergiebt sich die Gleichheit der dritten Aufstellung mit der zweiten, und aus dem des ersten Falles die Gleichheit der zweiten Aufstellung mit der ersten.

4) Hat man die Zusammenstellung

$$\left\{\begin{matrix} A : B \\ C : D \\ E : F \end{matrix}\right\} = \left\{\begin{matrix} G : H \\ K : L \\ M : N \\ O : P \\ Q : R \end{matrix}\right\}$$

so folgt daraus, wenn man beide schon gleiche Zusammensetzungen mit dem gleichen Verhältniß L : K zusammensetzt (welches die Umkehrung des Verhältnisses K : L ist), und dann in der zweiten Zusammenstellung die gleichen Vorder- und Hinterglieder wegläßt, die dritte Aufstellung aus den ersten beiden und dadurch der Beweis des vierten Theils.

$$\left\{\begin{matrix} A : B \\ C : D \\ E : F \\ L : K \end{matrix}\right\} = \left\{\begin{matrix} G : H \\ K : L \\ M : N \\ O : P \\ Q : R \\ L : K \end{matrix}\right\} = \left\{\begin{matrix} G : H \\ M : N \\ O : P \\ Q : R \end{matrix}\right\}$$

Anm. Den hier aus der Arithmetik entlehnten Satz über die Vervielfältigung mehrerer Zahlen beweiset man leicht durch folgende Schlüsse:

1) Wenn mehrere ganze Zahlen in einer bestimmten Ordnung, der Reihe nach, vervielfältigt werden; so erhält man eine bestimmte Zahl, z. B.

$$3 \,.\, 5 = 15, \quad 3 \,.\, 5 \,.\, 4 = 15 \,.\, 4 = 60$$

$$3 \,.\, 5 \,.\, 4 \,.\, 7 = 60 \,.\, 7 = 420, \quad 3 \,.\, 5 \,.\, 4 \,.\, 7 \,.\, 11 = 420 \,.\, 11 = 4620.$$

Die Reihe der Zahlen 3, 5, 4, 7, 11 in dieser Ordnung fortgesetzt vervielfältigt, giebt also 4620.

2) Schaltet man einer solchen Reihe irgend wo noch eine Zahl ein; so erhält man von der Zahl, welche diese Reihe an sich giebt, das Sovielfache als die eingeschaltete Zahl angiebt.

Nimmt man z. B. voran schon 6 und dies 3mal; so erhält man gleich Anfangs das Sechsfache von dem, was man erhält, wenn man 1, d. i. den sechsten Theil von 6, dreimal nimmt, und indem man so bei jeder Vervielfachung das Sechsfache dessen erhält, was die Vervielfältigung ohne diese Voranstellung der Zahl 6 gegeben haben würde, so muß zuletzt überhaupt durch diese Vervielfältigung das Sechsfache entstehen.

6 . 3 = 18 das Sechsfache von 3,

6 . 3 . 5 = 90 das Sechsfache von 15,

6 . 3 . 5 . 4 = 360 das Sechsfache von 60,

6 . 3 . 5 . 4 . 7 = 2520 das Sechsfache von 420,

6 . 3 . 5 . 4 . 7 . 11 = 27720 das Sechsfache von 4620.

Stellt man die Vervielfältigungszahl 6 zwischen die ersten beiden ursprünglich gegebenen; so erhält man statt der einfachen 3 zuerst das Sechsfache derselben 18, und diese vervielfältigt man mit 5, man erhält also das Sechsfache der Zahl, welche man ohne Einschaltung der Zahl 6 bei der Vervielfältigung mit 5 erhalten hat, also

3 . 6 . 5 = 90, das Sechsfache von 15,

und von da ab erhält man, wie vorhin, jederzeit das Sechsfache, also auch zuletzt das Sechsfache dessen, was ohne Einschaltung der Zahl 6 gefunden worden wäre.

Dasselbe läßt sich zeigen, wo man auch die Zahl 6 einschalten möge; die Vervielfältigungen vor der Einschaltung stimmen mit der ursprünglichen genau überein, die Vervielfältigungen nach der Einschaltung ergeben fortdauernd das Sechsfache der ursprünglichen.

Wird aber die Zahl 6 ans Ende der ganzen Reihe gesetzt, so hat man bis dahin genau die ursprüngliche Vervielfältigung und bringt nun durch Vervielfältigung mit 6 noch das Sechsfache hervor.

a) Wenn man also denjenigen Zahlen, die ursprünglich in bestimmter Reihenfolge ein Vielfaches bilden sollen, an irgend einer Stelle eine Zahl hinzufügt; so erhält man das ursprüngliche Vielfache so oft, als die hinzugefügte Zahl anzeigt.

b) Läßt man daher aus irgend einer Reihe von Zahlen, mit denen ursprünglich eine Vervielfältigung vorgenommen werden soll, eine Zahl aus; so erhält man zuletzt den sovielten Theil des ursprünglichen Vielfachen, als die ausgelassene Zahl anzeigt.

Hätte man z. B. in der oben angedeuteten Vervielfältigung der Zahlen

$$3 \cdot 5 \cdot 4 \cdot 7 \cdot 11 = 4620$$

die Zahl 5 ausgelassen; so hätte man zuletzt eine bestimmte Zahl A erhalten:

$$A = 3 \cdot 4 \cdot 7 \cdot 11 = 924.$$

Setzte man bei der Vervielfältigung aber die Zahl 5 wieder hinzu; so würde man, wie oben gezeigt ist, das Fünffache von A erhalten; also ist A der fünfte Theil dessen, was bei der ursprünglichen Vervielfältigung ohne Auslassung der Zahl 5 entsteht.

Hieraus folgt:

c) Wenn mehrere Zahlen vervielfältigt werden; so kommt es auf die Reihenfolge nicht an, in welcher dies geschieht.

Läßt man z. B. bei der oben angedeuteten Reihe der Vervielfältigungszahlen eine derselben, z. B. 7, an ihrer Stelle aus; so erhält man (nach b) den siebenten Theil des ursprünglichen Vielfachen; setzt man sie dann an einer anderen Stelle wieder ein; so erhält man (nach a) wieder das Siebenfache dieses siebenten Theiles, d. h. das ursprüngliche Vielfache.

Da dies für jede der Zahlen gilt und für jeden Wechsel der Stellen, so ist der Satz vollständig erwiesen.

Zwölfter Abschnitt.

Von der Proportionalität der Linien, Winkel, Dreiecke, und Parallelogramme.

§. 1. Lehrsatz.

Wenn die Schenkel eines Winkels von zwei Parallellinien geschnitten werden; so verhalten sich die Abschnitte des einen Schenkels, vom Scheitelpunkt gerechnet, wie die Abschnitte des anderen, auch vom Scheitelpunkt gerechnet, und die von den Schenkeln des Winkels begrenzten Abschnitte der Parallelen verhalten sich wie diese Abschnitte der Schenkel.

Beweis.

Die Schenkel des Winkels bei A (Fig. 12.) werden durch zwei Parallelen so geschnitten, daß, vom Scheitelpunkt aus gerechnet, an dem einen Schenkel die Abschnitte AB und AC, an dem andern die Abschnitte AD und AE, an den Parallelen die Abschnitte BD und CE entstehen. Dann bestehen die Proportionen:

$$1)\ AB : AC = AD : AE,$$

$$2)\ AB : AC = BD : CE,$$

$$3)\ BD : CE = AD : AE.$$

Wenn die Linien AB und AC commensurabel sind; so giebt es einen Maaßtheil AF, der genau mehrmal in AB, z. B. 13mal, und auch genau mehrmal in AC, z. B. 8mal, enthalten ist. Trägt man diesen Maaßtheil AF auf AB ab, und zieht aus F die Linie FG parallel mit CE, also auch mit BD; so ist (V, 12.)

$$AD = 13\,AG, \quad AE = 8\,AG,$$

ferner

$$BD = 13\,FG, \quad CE = 8\,FG.$$

Sieht man also AG als Maaßtheil an, so sind $\frac{8}{13}$ von AD in AE enthalten, und sieht man FG als Maaßtheil an; so sind $\frac{8}{13}$ von BD in CE enthalten. Da nun auch $\frac{8}{13}$ von AB in AC enthalten sind; so sind die drei Verhältnisse:

$$AB : AC, \quad AD : AE, \quad BD : CE$$

einander gleich, woraus die drei oben angegebenen Proportionen sich ergeben.

Sind aber die Linien AB und AC incommensurabel, so wird ein genauer Theil von AB, z. B. der 13. Theil AF mehrmal, z. B. 8mal in AC enthalten sein, aber einen kleinen Ueberschuß HC lassen, der kleiner als AF ist. Trägt man also auf AB von H aus noch einen Maaßtheil AF ab; so daß HK = AF wird; so liegt C zwischen H und K. Zieht man nun aus H und K Parallelen mit CE, HL und KM, so ist AH = 8 AF, AK = 9 AF; also AC zwar größer als 8 AF, aber nicht um einen ganzen Maaßtheil AF.

Eben so ist AL = 8 AG, AM = 9 AE, also AE größer als 8 AG, aber nicht um einen ganzen Maaßtheil AG.

Endlich ist HL = 8 FG, KM = 9 FG, also ist CE, welches erweislich kleiner als KM, und größer als HL ist, zwar größer als 8 FG aber nicht um einen ganzen Maaßtheil FG. Sieht man also nicht auf einen Theil der kleiner als der Maaßtheil ist; so werden die drei Verhältnisse

AB : AC, AD : AE, BD : CE,

durch dieselben Verhältnißzahlen (hier 13 und 8) bestimmt.

Man erkennt leicht, daß Construction und Beweisführung ungeändert bleiben; wenn AF auch nicht der dreizehnte, sondern jeder beliebige andere genaue Theil von AB ist. Immer sind die Verhältnisse

AD : AE und BD : CE

auch irrational (§. 11.), immer werden sie aber auch durch dieselben Verhältnißzahlen bestimmt. Also sind auch in diesem Falle die irrationalen Verhältnisse:

AB : AC, AD : AE, BD : CE

einander gleich; die oben angegebenen drei Proportionen finden also ganz allgemein statt.

Aus der Proportion

AB : AC = AD : AE folgt

AB : BC = AD : DE (XI, 21.),

AC : CB = AE : ED (XI, 21.).

Daraus ergiebt sich der

Erste Zusatz

Durch zwei Parallellinien werden auf den Schenkeln eines Winkels proportionale Stücke abgeschnitten,

mit der Umkehrung:

Wenn von den Schenkeln eines Winkels proportionale Stücke abgeschnitten, und die Endpunkte derselben durch gerade Linien verbunden sind; so sind diese Linien parallel.

Verlängert man (Fig. 13.) AB über A bis Ac = AC wird, und AD über A bis Ae = AE wird, und zieht ce, so ist Dreieck cAe ≅ CAE (SWS), also Winkel ECA = ecA (V, 4.), folglich ce parallel und gleich mit CE. Es ist aber dann, wenn man für AE, AC, CE die gleichen Linien Ae, Ac, ce einsetzt,

$$AB : Ac = AD : Ae = BD : ec.$$

Daraus folgt der

Zweite Zusatz.

Wenn man durch die Schenkel zweier Verticalwinkel Parallellinien zieht; so werden vom Scheitelpunkte aus proportionale Stücke abgeschnitten, und die Parallelen verhalten sich wie die Schenkel.

§. 2. Aufgabe.

Eine gerade Linie in einem bestimmten Verhältniß zu theilen.

Auflösung.

Soll die Linie AB (Fig. 14.) im Verhältniß der Linien a und b getheilt werden; so lege man an AB in A einen beliebigen Winkel BAC an, und trage auf den Schenkel AC ab AD = a, DE = b, ziehe EB und damit parallel DF; so ist AF : FB = a : b.

Beweis.

Es ist AF : FB = AD : DE (§. 1. Zusatz 1.);

also auch AF : FB = a : b (I, 3.).

§. 3. Aufgabe.

Zu drei geraden Linien die vierte Proportionale zu finden.

Auflösung.

Sind (Fig. 15.) die 3 Linien a, b, c gegeben, und es soll eine vierte Proportionale gefunden werden; so trage man auf einem Schenkel eines beliebigen Winkels A die Stücke AB = a, BC = b ab und auf dem andern das Stück AD = c. Ziehe die gerade BD und parallel damit CE; so ist DE die gesuchte vierte Proportionale.

Beweis.

Es ist nämlich AB : BC = AD : DE (XII, 1. Zus. 1.),

a : b = c : DE (I, 3.).

§. 4. Aufgabe.

Die mittlere Proportionale zweier geraden Linien zu finden.

Es seien (Fig. 16.) die Linien a und b gegeben. Man trage auf eine beliebige gerade Linie ein Stück AB = a und ein Stück BC = b auf, beschreibe über AC einen Halbkreis, errichte in B ein Perpendikel, das den Umfang des Halbkreises in D trifft; so ist BD die gesuchte mittlere Proportionale.

Beweis.

Man verlängere den kleineren Abschnitt des Durchmessers BA so, daß BE = BD wird, und das Perpendikel BD so, daß BF = BC wird, ziehe EF, DC und AD; dann ist Dreieck EBF $\cong$ DBC (SWS). Es ist also Winkel FEB = BDC. Der Winkel BCD ergänzt sich mit DAB zu einem rechten (VIII, 15. Zus.); derselbe Winkel BCD ergänzt sich aber auch mit BDC zu einem rechten (V, 10. Zusatz.), also ist Winkel CDB = DAB; daher auch FEB = DAB (I, 4.). Mithin ist FEA + DAE = 2 R; also EF $\not\parallel$ AD (V, 4.).

Dann ist aber auch AB : BE = BD : BF (XII, 1.) und

a : BD = BD : b (I, 3.).

Es ergiebt sich unmittelbar aus der Auflösung und dem Beweise dieser Aufgabe der

Zusatz.

Das Perpendikel auf dem Durchmesser eines Kreises, durch diesen und die Peripherie begrenzt, ist die mittlere Proportionale der beiden Abschnitte des Durchmessers.

Es ist also auch im rechtwinkligen Dreieck das Perpendikel, von der Spitze eines rechten Winkels auf die Hypotenuse gefällt, die mittlere Proportionale beider Abschnitte der Hypotenuse (VIII, 15. Zus.).

§. 5. Aufgabe.

Zwei gerade Linien zu finden, die im zweifachen, dreifachen, vierfachen, kurz in jedem beliebig vielfachen Verhältniß zweier gegebenen Linien stehen.

Auflösung.

Es seien (Fig. 17.) die Linien a, b gegeben. Man soll zwei Linien finden, die im zweifachen, dreifachen, vierfachen 2c. Verhältnisse dieser Linien stehen.

Man lege durch einen Punkt A zwei sich senkrecht durchschneidende Linien BC und DE; schneide auf AB eine beliebig gewählte Linie AF ab; suche zu den Linien a, b und AF die vierte Proportionale c, schneide von AD ein Stück AG=c ab, ziehe die Hypotenuse FG und errichte auf FG in G ein Perpendikel GH, das die Linie AC in H trifft, auf GH in H ein Perpendikel, das AE in K trifft, auf HK in K ein Perpendikel, das AB in L trifft, auf KL in L ein Perpendikel, das AD in M trifft, auf LM in M ein Perpendikel, das AC in N trifft u. s. f. Dann ist

AF : AG im einfachen,	AF : AH im doppelten,
AF : AK im dreifachen,	AF : AL im vierfachen,
AF : AM im fünffachen,	AF : AN im sechsfachen

Verhältniß a : b.

Beweis.

Da BGH ein rechter Winkel ist; so ist

FA : AG = AG : AH (§. 5. Zus.),

Eben so ist AG : AH = AH : AK,

AH : AK = AK : AL,

AK : AL = AL : AM u. s. w.

Nun ist also auch (§. 11. Zus.)

einfach (XI, 11. Zus.)	durch Zusammensetzung (XI, 16.)
AF : AG = a : b,	AF : AH = $(a : b)^2$,
AG : AH = a : b,	AF : AK = $(a : b)^3$,
AH : AK = a : b,	AF : AL = $(a : b)^4$,
AK : AL = a : b,	AF . AM = $(a : b)^5$ u. s. w.
AL : AM = a : b u. s. w.	

Die hier angegebenen Zusammensetzungen werden aus den einfachen Proportionen leicht abgeleitet, wenn man nach der Reihe zwei, drei, vier u. s. w. derselben zusammensetzt.

Die Fortsetzung der Construktion und des Beweises ist leicht zu beurtheilen. Fängt man die Construktion von dem größeren an, wie hier (AF>AG); so werden die folgenden Glieder immer kleiner. Beginnt man vom kleineren (AN<AM) so werden die folgenden Glieder immer größer.

Anm. Diese Aufgabe könnte auch noch näher bestimmt werden; wenn die erste der beiden gesuchten Linien gegeben wäre. Man hätte dann AF nicht beliebig wählen, sondern dafür die gegebene Linie selbst antragen müssen.

§. 6. Aufgabe.

Zwei gerade Linien zu finden, deren Verhältniß aus den gegebenen Verhältnissen mehrerer anderen Linien zusammengesetzt ist.

Auflösung und Beweis.

Sind (Fig. 48.) die Linienverhältnisse a : b, c : d, e : f gegeben, und sollen zwei Linien gefunden werden, deren Verhältniß aus diesen zusammengesetzt ist; so ziehe man von einem Punkte A aus vier Linien (eine mehr als Verhältnisse gegeben sind); schneide auf der ersten eine beliebig gewählte Linie ab AB und zugleich ein Stück AC = a

auf der zweiten ein Stück AD = b und AE = c

auf der dritten " " AF = d und AG = e

auf der vierten " " AH = f.

Darauf ziehe man CD, EF, GH und

BK parallel mit CD, KL ‡ EF, LM ‡ GH

so sind AB und AM die gesuchten Linien.

Es ist nämlich

$$AB : AK = AC : AD = a : b$$
$$AK : AL = AE : AF = c : d$$
$$AL : AM = AG : AH = e : f.$$

Also ist

$$AB : AM = \begin{Bmatrix} a : b \\ c : d \\ e : f \end{Bmatrix}.$$

Anm. Auch hier kann AB oder AM im Voraus der Größe nach bestimmt werden.

§. 7. Lehrsatz.

Zwei Winkel verhalten sich wie die Bogen, die zwischen ihren Schenkeln mit gleichen Radien um die Scheitelpunkte beschrieben sind und umgekehrt.

Beweis.

Sind beide Winkel ACD und BCD (Fig. 49.) Centriwinkel desselben Kreises, und haben die Bogen AB und BD als gemeinsames Maaß den Bogen AE, so haben auch die Winkel ACB und BCD zum gemeinsamen Maaße den Winkel ACE, und, so oft der Bogen AE in dem Bogen AB enthalten ist; so oft ist auch der Winkel ACE in dem Winkel ACB enthalten. Dasselbe gilt von dem Bogen BD und dem Winkel BCD. Daraus folgt aber für diesen Fall, wo die Bogen commensurabel sind, die Proportion:

Winkel ACB : BCD = AB : BD.

Für den Fall, daß die Bogen AB und BD incommensurabel sind, läßt sich leicht zeigen, daß, welchen Maaßtheil von AB man sich auch vorstellen möge, derselbe jederzeit eben so oft im Bogen BD enthalten sein müsse, als der zu diesem Maaßtheil gehörige Centriwinkel in dem Winkel BCD; so daß also für die Verhältnisse Bogen AB : BD und Winkel ACB : BCD jederzeit dieselben Verhältnißzahlen gefunden werden. Daher gilt auch in diesem Falle die Proportion

Winkel ACB : BCD = AB : BD.

Anm. Die Aufgabe: Einen Winkel in einem gegebenen Verhältniß zu theilen, wird sich auf geometrischem Wege nur in den seltensten Fällen lösen lassen. Eine Annäherungs-Construktion für dieselbe läßt sich leicht aus der 2. Anmerkung zum ersten §. des IX. Abschnitts herleiten. Die Größe jedes Theiles läßt sich jederzeit (nach X. §. 7. 8. 9.) so genau angeben, als verlangt wird.

§. 9. Lehrsatz.

Rechtecke von gleichen Höhen verhalten sich wie ihre Grundlinien, Rechtecke von gleichen Grundlinien verhalten sich wie ihre Höhen, und das Verhältniß zweier beliebigen Rechtecke ist aus den Verhältnissen ihrer Grundlinien und Höhen zusammengesetzt.

Beweis.

Es seien die Rechtecke AC und DF (Fig. 20.) gegeben, deren Höhen BC und EF gleich sind. Die Flächen derselben sollen sich wie die Grundlinien AB und DE verhalten.

Wenn die beiden Grundlinien AB und DE durch das gemeinsame Maaß AG commensurabel sind, und AG dreimal in AB, viermal in DE enthalten ist; so überzeugt man sich leicht, daß auch die Rechtecke AC und DF commensurabel sind durch die Fläche des Rechtecks AH, das AG zur Grundlinie hat und zur Höhe GH, welche gleich ist mit BC (V, 11.). Dies Rechteck AH wird nämlich auch dreimal in AC und viermal in DF enthalten sein. Die Verhältnißzahlen für die Grundlinien und für die Flächen der Rechtecke sind also gleich, mithin ist die Proportion erwiesen

AC : DF = AB : DE.

Sind die Grundlinien AB und DE nicht commensurabel; so läßt sich zeigen, daß, welchen genauen Theil von AB man auch als Maaßtheil annehmen möge, das Rechteck, welches denselben zur Grundlinie und die Höhe der Rechtecke zur Höhe hat, auch wieder als Maaßtheil beider Flächen betrachtet werden kann, und daß in jedem Falle für das Verhältniß der Rechtecke dieselben Verhältnißzahlen gefunden werden, wie für das Verhältniß der Grundlinien, so daß auch in diesem Falle die Proportion gilt

$$AC : DF = AB : DE.$$

Wären ferner die beiden Rechtecke AC und DF so gegeben, daß ihre Grundlinien BC und EF gleich wären, aber ihre Höhen AB und DE verschieden; so würden sich die Flächen verhalten wie diese Höhen. Der Beweis dieses zweiten Falles fällt also mit dem des ersten zusammen; da jede Seite eines Rechtecks beliebig als Grundlinie und als Höhe betrachtet werden kann (VI, 7.).

Hat man endlich zwei Rechtecke AC und DF mit verschiedenen Höhen CB und FE (Fig. 21.) und verschiedenen Grundlinien AB und DE; so construire man ein Rechteck GK, dessen Höhe der Höhe des ersten gegebenen Rechtecks und dessen Grundlinie der Grundlinie des zweiten gleich ist; also $HK = BC$ und $GH = DE$.

Dann finden die Proportionen statt:

$$AC : GK = AB : GH,$$
$$GK : DF = HK : EF.$$

Setzt man diese zusammen und wendet zugleich die ursprünglich gegebenen Bezeichnungen der Grundlinien und Höhen an; so findet man

$$AC : DF = \left\{\begin{matrix} AB : DE \\ BC : EF \end{matrix}\right\}.$$

Da nun Parallelogramme flächengleich mit Rechtecken von gleicher Höhe und Grundlinie sind, und da Dreiecke die Hälften solcher Parallelogramme sind, mit denen sie gleiche Grundlinie und gleiche Höhe haben; so gilt allgemein der

Zusatz.

Zwei Parallelogramme oder zwei Dreiecke verhalten sich bei gleichen Höhen wie die Grundlinien, bei gleichen Grundlinien wie die Höhen. Ueberhaupt ist das Verhältniß zweier Parallelogramme oder zweier Dreiecke aus den Verhältnissen ihrer Höhen und Grundlinien zusammengesetzt.

Anm. Das Messen der Parallelogramm- und Dreiecks-Flächen, welches im 10. Abschnitte gelehrt ist, kann auch einfach auf diesen Satz zurückgeführt werden.

Ist z. B. (Fig. 22.) AC ein Quadrat über der Längenmaaßeinheit AB errichtet, und FD ein beliebiges Parallelogramm mit der Grundlinie DE und der Höhe FE so ist

$$AC : FD = \begin{Bmatrix} AB : DE \\ CB : FE \end{Bmatrix}.$$

Jedes der beiden hier zusammengesetzten Verhältnisse hat die Einheit des Längenmaaßes zum ersten Gliede. Für AB sowohl als für CB tritt also als Verhältnißzahl 1 ein. Für DE ist dann eine Zahl g die Verhältnißzahl, welche angiebt, wie oft das Maaß AB in der Grundlinie DE enthalten ist, und eben so giebt für FE die Verhältnißzahl h an, wie oft das Maaß AB in der Höhe FE enthalten ist. Die Zusammensetzung der Verhältnisse giebt aber (nach XI, 17.) die Verhältnißzahlen 1 : g . h.

Sieht man also das Quadrat AC als Maaßtheil an; so ist es g . h mal in FD enthalten.

Das Produkt g mal h giebt also den Flächeninhalt des Rechtecks in dem entsprechenden Flächenmaaße an.

§. 9. Lehrsatz.

Wenn ein Winkel eines Dreiecks einem Winkel eines anderen gleich ist; so ist das Verhältniß der Flächen dieser Dreiecke aus den Verhältnissen der Seiten zusammengesetzt, welche diese gleichen Winkel einschließen.

Beweis.

In den beiden Dreiecken ABC und DEF (Fig.23.) sei Winkel A = D. Man schneide von DE ein Stück ab DG = AB, von DF ein Stück DH = AC, und ziehe die Gerade GH; so ist Dreieck GHD $\cong$ ABC (SWS). Zieht man nun noch die Linie GF; so erhält man

1) die Dreiecke DGH und DGF, deren Grundlinien DH und DF eine gerade Linie bilden, und deren Spitzen in G zusammenfallen, die also gleiche Höhen zu diesen Grundlinien haben, ferner

2) die Dreiecke DFG und DFE, welche ebenfalls zu den Grundlinien DG und DE dieselbe Spitze F, also gleiche Höhe haben. Es ist daher

$$1)\ \triangle DGH : DGF = DH : DF,$$

$$2)\ \triangle DGF : DEF = DG : DE,$$

und durch Zusammensetzung:

$$\triangle DGH : DEF = \begin{Bmatrix} DH : DF \\ DG : DE \end{Bmatrix}$$

oder mit Einsetzung der gleichen Werthe

$$\triangle\ ABC : DEF = \begin{Bmatrix} AC : DF \\ AB : DE \end{Bmatrix}.$$

Da das Dreieck ABC einem anderen flächengleich ist, das die Seiten AB und AC und einen Winkel BAC′ hat, der den hier gegebenen zu zweien rechten ergänzt; so ergiebt sich auch der

Zusatz.

Wenn ein Winkel eines Dreiecks einen Winkel eines anderen zu zwei rechten ergänzt; so ist das Flächenverhältniß der Dreiecke aus den Verhältnissen der diese Winkel einschließenden Seiten zusammengesetzt.

Anm. Hat man die Seiten der Dreiecke mit derselben Maaßeinheit gemessen; so geben die Zahlen der Maaße offenbar das Verhältniß der Linien an. Das zusammengesetzte Verhältniß wird durch das Produkt dieser Zahlen bezeichnet; das Produkt der Maaßzahlen zweier Linien bestimmt den Flächeninhalt des Rechtecks, welches diese Linien zu Seiten hat. Man kann daher diesen Satz auch so aussprechen:

Zwei Dreiecke, die einen gleichen Winkel haben, oder Winkel, die sich zu zwei rechten ergänzen, verhalten sich wie die Rechtecke der Seiten, die diese Winkel in beiden Dreiecken einschließen.

§. 10. Lehrsatz.

In flächengleichen Dreiecken oder Parallelogrammen verhalten sich die Höhen umgekehrt wie die Grundlinien.

Beweis.

Haben die rechtwinkligen Dreiecke ABC und DEF (Fig 24.) in denen man AB und DE als Grundlinien, BC und EF als Höhen betrachten kann, gleiche Fläche; so ist nach §. 8.

$$ABC : DEF = \begin{Bmatrix} AB : DE \\ BC : EF \end{Bmatrix}$$

also auch (XI, 23.)

$$\begin{Bmatrix} ABC : DEF \\ EF : BC \end{Bmatrix} = AB : DE$$

und weil ABC = DEF ist; endlich

EF : BC = AB : DE. Was zu beweisen war.

Was von rechtwinkligen Dreiecken erwiesen ist, gilt aber auch von anderen, und auch von Parallelogrammen.

Die Umkehrung des Satzes ergiebt sich leicht und aus dieser:

1. Zusatz.

Wenn vier gerade Linien eine Proportion bilden; so ist das Rechteck unter den äußeren Gliedern dem Rechteck unter den inneren gleich.

2. Zusatz.

Wenn zwei Rechtecke flächengleich sind; so bilden die Seiten derselben eine Proportion, in welcher die ungleichen Seiten des einen Rechtecks innere Glieder, die des anderen äußere sind.

§. 11. Schlußbemerkungen zum zwölften Abschnitt.

1. Die Gleichheit incommensurabler Verhältnisse ist in diesem Abschnitte (§. 7.) auf die im eilften Abschnitte (§. 11.) gegebene Bestimmung der Gleichheit zweier Verhältnisse zurückgeführt und dadurch direkt bewiesen.

Es ist auch ein indirekter Beweis für solche Fälle des Ueberganges vom Commensurablen auf Incommensurables üblich, der hier vollständig angeführt, später in ähnlichen Fällen nur angedeutet werden soll.

Sind die Rechtecke AB und BC (Fig. 25.) zwischen denselben Parallelen gegeben und ist zu zeigen, daß sie sich bei gleicher Höhe DB, wie die Grundlinien AD und DC verhalten sollen; so zeigt man, daß sie sich nicht anders verhalten können, also

1) nicht wie AD zu einer größeren Linie als DC,

2) auch nicht wie eine größere Linie als AD zu DC.

Im ersten Falle nehme man an, es sei

$$AB : BC = AD : DE,$$

so daß DE um CE größer ist als DC.

Man halbire AD, die Hälfte wieder, und so fort, bis man einen Theil AF gefunden hat, der kleiner als CE ist (XI, 3.). Dieser Theil AF ist dann ein genaues Maaß von AD; aber nicht von DC.

Man wird aber ein Vielfaches von AF finden können, das größer als DC und kleiner als DE ist, dies sei DG. Vollendet man nun über DG das Rechteck GB; so ist, wegen des commensurablen Verhältnisses der Grundlinien:

$$BG : AB = GD : DA.$$

Nach der Annahme wäre aber

$$AB : BC = AD : DE,$$

Die Zusammensetzung beider Proportionen würde geben

$$BG : BC = GD : DE.$$

Im ersten Verhältniß wäre $BG > BC$,

im zweiten $GD < DE$,

also können die Verhältnisse nicht gleich sein (XI, 11. Zus. 2.).

Da nun die erste Proportion der Zusammensetzung richtig aufgestellt ist; so muß die zweite unrichtig aufgestellt sein. Es verhält sich also AB : BC nicht wie AD zu einer Linie, die größer als DC ist.

Der Beweis für den zweiten Fall ist ganz derselbe. Wäre die Annahme richtig; so müßte sich BC : BA verhalten; wie DC zu einer Linie die größer als DA ist; was aber, wie eben gezeigt, nicht möglich ist.

2. Die Wichtigkeit der Parallellinien für die proportionale Eintheilung der Linien geht aus diesem Abschnitte deutlich hervor. Verbindet man den Inhalt des ersten §. und seiner Zusätze mit §. 11. des fünften Abschnitts; so ergiebt sich der allgemeine Satz:

Die von drei Parallellinien begrenzten Abschnitte zweier beliebiger Geraden sind proportional.

Dreizehnter Abschnitt.

Von der Aehnlichkeit ebener geradliniger Figuren und der Kreise.

§. 2. Erklärung.

Zwei ebene geradlinige Figuren sind **ähnlich**; wenn alle Winkel der einen, einzeln verglichen, der Reihe nach den Winkeln der anderen gleich sind, und wenn alle Seiten der einen Figur zu den gegen diese Winkel gleichliegenden Seiten der anderen dasselbe Verhältniß haben.

Gleichliegend sind zwei Seiten; wenn sie in beiden Figuren gemeinschaftliche Schenkel gleicher Winkel sind. Es ist also nach dieser Erklärung die Figur ABCDE (Fig. 26.) der Figur abcde ähnlich, wenn

Winkel $A = a$, $B = b$, $C = c$, $D = d$, $E = e$, und

$$AB : ab = BC : bc = CD : cd = DE : de = EA : ea.$$

Das Zeichen der Aehnlichkeit ist ein liegendes *S* (similis). Nach unserer Annahme ist also $ABCDE \sim abcde$.

§. 2. Erster Lehrsatz der Aehnlichkeit.

Wenn zwei Winkel eines Dreiecks, einzeln verglichen, zweien Winkeln eines andern gleich sind; so sind die Dreiecke ähnlich.

Beweis.

In den Dreiecken ABC und abc (Fig. 27.) sei Winkel $A = a$, $B = b$.

Man schneide von AB ein Stück $AD = ab$, und ziehe aus D eine Linie DE parallel mit BC;

so ist auch Winkel $ADE = ABC$ (V, 6.);

also Dreieck $ADE \cong abc$ (WSW).

Nun ist aber (XII, 4.)

AB : AD = AC : AE oder AB : ab = AC : ac

AB : AD = BC : DE oder AB : ab = CB ; cb.

Die gleichliegenden Seiten beider Dreiecke haben also dasselbe Verhältniß und der dritte Winkel C ist auch dem dritten Winkel c gleich.

Die Dreiecke ABC und abc sind also ähnlich.

§. 3. Zweiter Lehrsatz der Aehnlichkeit.

Zwei Dreiecke sind ähnlich, wenn zwei Seiten des einen zu zweien Seiten des andern dasselbe Verhältniß haben, und die von diesen proportionalen Seiten eingeschlossenen Winkel in beiden gleich sind.

Beweis.

In den Dreiecken ABC und abc (Fig. 27.) sei

AB : ab = AC : ac und Winkel A = a.

Die Construction sei wie in §. 2; so ist

AB : AD = AC : AE und

AB : ab = AC : ac.

Da aber AD = ab ist; so sind die ersten beiden Verhältnisse gleich, also auch die letzten beiden, und da in diesen wieder die Vorderglieder gleich sind; so ist auch AE = ac.

Die Dreiecke ADE und abc sind also congruent (SWS), und daher Winkel

ADE = abc.

Es ist aber Winkel ADE = ABC (VI, 6.),

also auch ABC = abc,

daher ist Dreieck ABC ∼ abc (§. 2.).

§. 4. Dritter Lehrsatz der Aehnlichkeit.

Zwei Dreiecke sind ähnlich, wenn zwei Seiten des einen zweien Seiten des andern proportional, und die den größeren proportionalen Seiten gegenüberliegenden Winkel in beiden gleich sind.

Beweis.

In den beiden Dreiecken ABC und abc (Fig. 27.) sei AC > AB und AB : ab = AC : ac, Winkel ABC = abc; dann ist also auch ac > ab.

Die Construction sei wie in §. 2; so ist

AB : AD = AC : AE, aber auch

AB : ab = AC : ac.

Daher ist AE = ac und Dreieck ADE ≅ abc (SsW).

Folglich Winkel a = A; also Dreieck ABC ∼ abc (§. 2.).

§. 5. Vierter Lehrsatz der Aehnlichkeit.

Zwei Dreiecke sind ähnlich; wenn die drei Seiten des einen zu den drei Seiten des andern, einzeln verglichen, dasselbe Verhältniß haben.

Wenn in den Dreiecken ABC und abc (Fig. 27.) die Verhältnisse AB : ab, AC : ac, BC : bc gleich sind; so mache man die Construction wie §. 2. Dann ist

AB : AD = CB : DE, aber auch

AB : ab = CB : cb; also DE = cb.

Eben so ist:

AB : AD = AC : AE; aber auch

AB : ab = AC : ac; also AE = ac.

Die beiden Dreiecke ADE und abc sind also congruent (SSS), also auch Winkel A = a, Winkel ADE = b; aber Winkel ADE = B, also B = b; folglich sind auch die Dreiecke ABC und abc ähnlich (§. 2.).

Der Zusammenhang der hier bewiesenen Lehrsätze über die Aehnlichkeit mit den Lehrsätzen der Congruenz (Abschn. IV.) ist einleuchtend.

Die Congruenz ist ein besonderer Fall der Aehnlichkeit, wenn die letztere nämlich in Gleichheit übergeht.

Uebereinstimmung in der Gestalt ist Aehnlichkeit, Uebereinstimmung an Gestalt und Größe ist Congruenz.

Es ergiebt sich aus Vergleichung der Winkel in ähnlichen Dreiecken sehr leicht der

Zusatz.

1) Zwei Dreiecke, die einem dritten ähnlich sind, sind auch unter sich ähnlich.

nnd auch die Lösung der

Aufgabe.

2) Ueber einer geraden Linie ein Dreieck zu construiren, das einem gegebenen ähnlich ist.

Auflösung und Beweis ergeben sich nämlich leicht aus der Betrachtung, daß das neu zu construirende Dreieck gleiche Winkel mit dem gegebenen erhalten muß.

Anm. Daß gleichseitige Dreiecke immer ähnlich sind, und gleichschenklige, wenn sie einen gleichen Winkel an der Spitze oder an der Grundlinie haben, wird hier, wie manche andere leichte Folgerung aus den bewiesenen Sätzen, nicht weiter durchgeführt.

§. 6. Lehrsatz.

Mehrseitige Figuren sind ähnlich, wenn sie aus ähnlichen Dreiecken in übereinstimmender Weise zusammengesetzt sind.

Beweis.

Figuren werden aus ähnlichen Dreiecken in übereinstimmender Weise zusammengesetzt, wenn die gleichliegenden Seiten der ähnlichen Dreiecke aufeinander fallen und die Winkelspitzen der gleichen und gleichliegenden Winkel gleichfalls zusammentreffen.

Ist demnach (Fig. 26.) in den Vielecken ABCDE und abcde das Dreieck ABE $\sim$ abe und BE gleichliegend mit be, so daß Winkel A $=$ a ist;

Sind auch die an diesen gleichliegenden Seiten anliegenden Dreiecke EBD und ebd ähnlich; so daß auch in ihnen EB gleichliegend mit eb ist und

so angefügt, daß in den Scheitelpunkten E und e, wo Winkel AEB $=$ aeb ist, auch BED $=$ bed ist;

so ist auch an den Scheitelpunkten B und b, Winkel ABE $=$ abe und EBD $=$ ebd und

die Dreiecke sind in beiden Figuren übereinstimmend aneinandergefügt.

Sind nun eben so übereinstimmend an die gleichliegenden Seiten BD und bd die ähnlichen Dreiecke BCD und bcd angefügt; so sind die Fünfecke ABCDE und abcde ähnlich.

Die Winkel sind nämlich der Reihe nach gleich, weil sie

entweder, wie A und a, gleichliegende Winkel in ähnlichen Dreiecken sind, oder, wie E und e, aus je zweien solcher gleicher Winkel zusammengesetzt sind, oder wie B und b aus mehreren.

Die Seiten sind aber proportional; weil sie entweder wie AB, AE und ab, ae, in denselben ähnlichen Dreiecken vorkommen, oder wie AE, ED und ae, ed in zwei angrenzenden ähnlichen Dreiecken.

Denn es ist

1) AE : ae = AB : ab, 3) ED : ed = EB : eb.

2) EB : eb = AB : ab, 4) ED : ed = AB : ab.

Auf dieselbe Weise folgt

5) DC : dc = ED : ed, also 6) DC : dc = AB : ab u. s. w.

Es wird also in dieser Weise bewiesen, daß alle Seiten das Verhältniß zweier gleichliegenden AB : ab haben.

Die Umkehrung dieses Lehrsatzes lautet:

Zwei ähnliche geradlinige Figuren können in ähnliche Dreiecke zerlegt werden, die in übereinstimmender Weise zusammengefügt sind.

Der Beweis ergiebt sich sehr leicht. Schneidet man nämlich durch Diagonalen in beiden Figuren Dreiecke ab, die proportionale Seiten aus dem Umfange der Figur und die von diesen eingeschlossenen gleichen Winkel enthalten: so sind diese Dreiecke (nach §. 3.) ähnlich, die zurückbleibenden Figuren sind aber auch ähnlich (§. 1.); von diesen können wieder ähnliche Dreiecke abgeschnitten werden u. s. w.

Da oben gezeigt ist, daß auch die Diagonalen EB, eb, BD, bd das Verhältniß der Seiten AB, ab haben, so folgt daraus der

1. Zusatz.

In ähnlichen Figuren haben je zwei gleichliegende Diagonalen das Verhältniß der Seiten.

Eine weitere Betrachtung der Zusammensetzung ähnlicher Dreiecke wird zeigen, daß, wenn man über den gleichliegenden Seiten ähnlicher Figuren ähnliche Dreiecke in übereinstimmender Lage errichtet, und die Spitzen derselben entweder unter sich oder mit Eckpunkten der Figur durch gerade Linien verbindet, jederzeit wieder ähnliche Figuren entstehen, und die Verbindungslinien das Verhältniß der Seiten der Figuren haben.

Es schließt sich hieran leicht als Zusatz die Auflösung der

2. Aufgabe.

Ueber einer gegebenen geraden Linie eine mehrseitige Figur zu construiren, die einer gegebenen ähnlich ist.

Man wird die gegebene Figur in Dreiecke zerlegen und diesen ähnliche übereinstimmend aneinanderfügen; indem man mit dem Dreiecke beginnt, das an der Seite anliegt, welche der gegebenen Linie gleichliegend werden soll.

Auch ergiebt sich sehr leicht aus diesem Satze der

3. Zusatz.

Die Umfänge ähnlicher Figuren verhalten sich wie zwei gleichliegende Seiten, oder Diagonalen oder überhaupt wie zwei Linien, die gegen beide Figuren eine ähnliche Lage haben.

Da die Winkel der Bestimmungsdreiecke in regulären Figuren durch die Seitenzahl genau bestimmt sind (IX, 14. Anm.); so erkennt man leicht, daß die Bestimmungsdreiecke regulärer Polygone von gleicher Seitenzahl ähnlich sind, und daraus ergiebt sich als

4. Zusatz.

Reguläre Polygone von gleicher Seitenzahl sind ähnliche Figuren, und ihre Umfänge verhalten sich wie die großen oder wie die kleinen Halbmesser.

Da nun Kreise als reguläre Figuren von gleicher (wenn auch unendlicher) Seitenzahl betrachtet werden können (IX, 16); so folgt endlich auch der

5. Zusatz.

Kreise sind ähnliche Figuren und ihre Umfänge verhalten sich wie die Halbmesser oder Durchmesser.

Anm. Wenn man durch Halbirung der Bogen in zwei Kreisen nach der Reihe (IX, 1 und 11.) reguläre Vierecke, Achtecke, 16Ecke, 32Ecke u. s. w. construirt; so sind diese eingeschriebenen Vielecke gleicher Seitenzahl fortdauernd ähnliche Figuren, so weit man dies Verfahren auch fortsetzen mag. Mithin sind auch die Kreise selbst, d. h. diejenigen Figuren, auf welche man kommen würde, wenn man das Verfahren bis ins Unendliche fortsetzte, als ähnliche Figuren zu betrachten.

§ 7. Lehrsatz.

Die Flächen ähnlicher Dreiecke verhalten sich wie die Quadrate zweier gleichliegender Seiten.

Da die ähnlichen Dreiecke (Fig. 28.) ABC und DEF gleiche Winkel haben, und z. B. Winkel ABC = DEF ist; so ist auch (XII, 9.)

$$\triangle \text{ ABC : DEF} = \left\{\begin{matrix}\text{AB : DE}\\ \text{BC : EF}\end{matrix}\right\}.$$

Nun ist aber auch zufolge der Aehnlichkeit beider Dreiecke

$$\text{AB : DE} = \text{BC : EF; mithin}$$

$$\triangle \text{ ABC : DEF} = \left\{\begin{matrix}\text{AB : DE}\\ \text{AB : DE}\end{matrix}\right\} = \text{AB}^2 : \text{DE}^2.$$

§. 8. Lehrsatz.

Die Flächen ähnlicher Vielecke verhalten sich wie die Quadrate gleichliegender Seiten oder Diagonalen.

Beweis.

Wenn die Figuren ABCDE und abcde (Fig. 26.) ähnlich sind; so lassen sich dieselben in ähnliche Dreiecke von übereinstimmender Lage zerlegen.

Es sei also

$$\triangle \text{ ABE} \sim \text{abe}, \quad \triangle \text{ BED} \sim \text{bed}, \quad \triangle \text{ BCD} \sim \text{bcd}.$$

Dann ist

$$\triangle \text{ ABE : abe} = \text{BE}^2 : \text{be}^2,$$
$$\triangle \text{ BED : bed} = \text{BE}^2 : \text{be}^2;$$

also auch

Viereck $\quad \text{ABDE : abde} = \text{BE}^2 : \text{be}^2.$

Nun ist aber $\quad \text{BE : be} = \text{BD : bd}$; also auch

$\text{BE}^2 : \text{be}^2 = \text{BD}^2 : \text{bd}^2$; folglich

Viereck $\quad \text{ABDE : abde} = \text{BD}^2 : \text{bd}^2$; aber auch

Dreieck $\quad \text{BDC : bdc} = \text{BD}^2 : \text{bd}^2$, folglich

Fünfeck $\text{ABCDE : abcde} = \text{BD}^2 : \text{bd}^2.$

Die Vielecke verhalten sich also wie die Quadrate zweier gleichliegenden Diagonalen und da sich diese wie zwei gleichliegende Seiten verhalten; so verhalten sich auch die ähnlichen Vielecke wie die Quadrate gleichliegender Seiten.

Es ist leicht einzusehen, daß, wenn man über zwei beliebig gewählten gleichliegenden Seiten ähnlicher Polygone ähnliche Dreiecke construirt, die sich übereinstimmend an beide Figuren anschließen, und die Spitzen dieser Dreiecke mit den übrigen Winkelspitzen beider Figuren verbindet, lauter ähnliche Dreiecke entstehen müssen, und daß auch die Flächen der Figuren sich wie die Quadrate der gleichliegenden Seiten in diesen Dreiecken verhalten müssen. Dadurch gewinnt der hier bewiesene Lehrsatz größere Ausdehnung, und es ergiebt sich als

1. Zusatz.

Aehnliche Figuren verhalten sich wie die Quadrate beliebiger gleichliegender Linien in ihnen.

Da die kleinen und großen Halbmesser regulärer Figuren ähnlich liegende Linien in denselben sind, so folgt auch der

2. Zusatz.

Die Flächen regulärer Polygone von gleicher Seitenzahl verhalten sich wie die Quadrate der großen und der kleinen Halbmesser in denselben.

Da endlich Kreise als reguläre Polygone von gleicher (wenn auch unendlich großer) Seitenzahl angesehen werden können, so ergiebt sich auch der

3. Zusatz.

Kreisflächen verhalten sich wie die Quadrate ihrer Durchmesser und ihrer Halbmesser.

Anm. 1. Die Sätze über die Kreismessung, die am Schlusse des zehnten Abschnitts entwickelt sind, lassen sich auch unabhängig von jener Entwicklung leicht durch Anwendung der bisher vorgetragenen Sätze über die Aehnlichkeit ableiten. Man folgert leicht folgende Sätze:

1) Die Fläche des in einen Kreis eingeschriebenen regulären Polygons von n Seiten (bezeichnet durch P_n), verhält sich zur Fläche des Polygons von doppelter Seitenzahl (P_{2n}) wie der kleine Halbmesser des nseitigen eingeschriebenen Polygons (bezeichnet h_n) zum Radius des Kreises (bezeichnet r), also

$$P_n : P_{2n} = h_n : r.$$

2) Der Kreisradius verhält sich zum doppelten kleinen Halbmesser eines eingeschriebenen Polygons von 2n Seiten, wie dieser kleine Halbmesser zu der Vereinigung des kleinen Halbmessers des Polygons von n Seiten und des Radius: also

$$r : 2h_{2n} = h_{2n} : r + h_n.$$

Der erste Satz ergiebt ergiebt sich leicht an Fig. 126. des ersten Cursus, weil

$$P_n : P_{2n} = \triangle ACM : \triangle ADM = CM : MD.$$

Der zweite folgt einfach; wenn man in dieser Figur aus A, von welchem Punkte schon eine Linie nach einem Endpunkte des Durchmessers, nämlich AD, gezogen ist, auch nach dem andern Endpunkte eine solche zieht, nämlich AK.

Dann sind die Dreiecke DEM und ACK ähnlich und man hat

$$MD : AK = ME : KC. \quad \text{Es ist aber } AK = 2ME.$$

Diese Proportionen enthalten den Ausdruck der eben angegebenen Sätze.

Wird MD = r = 1 gesetzt; so ergeben sich dann auch alle Folgerungen von §. 26. und 27. des zehnten Abschnitts.

Anm. 2. Mit Anwendung der Proportionen läßt sich eine andere vielverbreitete Art erweisen, durch einfache Wurzelausziehungen die Zahl π zu berechnen.

Zu den eben gewählten Bezeichnungen füge man noch Π_n und Π_{2n} für die regulären Polygone von n und 2n Seiten, die dem Kreise umschrieben sind; so ist

$$P_n : P_{2n} = h_n : r$$

$$P_n : P_{2n} = h_n : r$$

$$\Pi_n : P_n = \left\{\begin{matrix} r : h_n \\ r : h_n \end{matrix}\right\}$$

$$P_{2n} : \Pi_n = P_{2n} : \Pi_n$$

also durch Zusammensetzung

$$1)\; P_n : P_{2n} = P_{2n} : \Pi_n.$$

Man hat ferner:

$\Pi_{2n} : P_{2n} = r : \frac{1}{2}(r + h_n)$ oder $\Pi_{2n} : 2P_{2n} = r : r + h_n$, daraus
$\Pi_{2n} : 2P_{2n} - \Pi_{2n} = r : h_n$ oder $\Pi_{2n} : 2P_{2n} - \Pi_{2n} = P_{2n} : P_n$, daraus
$\Pi_{2n} : 2P_{2n} = P_{2n} : P_n + P_{2n}$ also $2)\; \frac{1}{2}(P_n + P_{2n}) : P_{2n} = P_{2n} : \Pi_{2n}$

Setzt man diese zweite gefundene Proportion mit einer Umstellung der zuerst gefundenen zusammen

$$\frac{1}{2}(P_n + P_{2n}) : P_{2n} = P_{2n} : \Pi_{2n}$$

$$P_{2n} : P_n = \Pi_n : P_{2n}$$

so ergiebt sich $3)\; \frac{1}{2}(P_n + P_{2n}) : P_n = \Pi_n : \Pi_{2n}$.

Es ist demnach:

1) Die mittlere Proportionale einer ein- und umschriebenen regulären Figur von gleicher Seitenzahl das eingeschriebene Polygon von dopelter Seitenzahl

2) Das eingeschriebene Polygon von doppelter Seitenzahl ist auch die mittlere Proportionale zwischen der halben Summe (d. i. dem arithmetischen Mittel) der eingeschriebenen Polygone von einfacher und doppelter Seitenzahl und dem umschriebenen Polygon von doppelter Seitenzahl.

Daraus ergiebt sich:

3) Die halbe Summe des eingeschriebenen Polygons von einfacher und doppelter Seitenzahl verhält sich zum eingeschriebenen Polygon mit einfacher Seitenzahl, wie das umschriebene Polygon von einfacher Seitenzahl zum umschriebenen von doppelter Seitenzahl.

Durch Anwendung der hieraus hervorgehenden beiden Formeln

$$1)\ P_{2n} = \sqrt{P_n \Pi_n}\ \text{und} \qquad 2)\ \Pi_{2n} = \frac{2P_n \Pi_n}{P_n + P_{2n}}$$

berechnet man leicht die Flächen der ein- und umschriebenen regulären Vielecke, die sich immer mehr und mehr dem Kreise nähern.

Es ist nämlich $P_4 = 2r^2$ und $\Pi_4 = 4r^2$

also $P_8 = r^2\sqrt{8} = 2{,}8284271\, r^2$

$$\text{und } \Pi_8 = \frac{2.\ 2.\ 4}{2+2{,}82..}\, r^2 = \frac{16}{4{,}82..}\, r^2 = 3{,}3137085\, r^2.$$

Rechnet man in dieser Weise weiter; so findet man für $n = 32768$ vollständige Uebereinstimmung zwischen P_n und Π_n nämlich $3{,}1415926\, r^2$ bis in die siebenten Decimalstellen. Bei 16384 Seiten ist das eingeschriebene Polygon um 2 Zehnmilliontheile des Halbmesserquadrates kleiner als das umschriebene, wie man aus folgender Zusammenstellung der berechneten Zahlen sieht.

$n =$	$P_n =$	$\Pi_n =$	$n =$	$P_n =$	$\Pi_n =$
4	2,0000000	4,0000000	512	3,1415138	3,1416321
8	2,8284271	3,3137085	1024	3,1415729	3,1416025
16	3,0614674	3,1825979	2048	3,1415877	3,1416951
32	3,1214451	3,1517249	4096	3,1415914	3,1415933
64	3,1365485	3,1441184	8192	3,1415923	3,1415928
128	3,1403311	3,1422236	16384	3,1415925	3,1415927
256	3,1412772	3,1417504	32768	3,1415926	3,1415926

§. 9. Aufgabe.

Eine Figur zu construiren, die einer gegebenen geradlinigen Figur ähnlich, einer anderen flächengleich ist.

Auflösung und Beweis.

Sind zwei geradlinige Figuren A und B gegeben; es soll eine dritte gefunden werden, die mit A gleiche Gestalt, mit B gleiche Größe hat; so verwandele man beide Figuren in Quadrate (VII, 7.).

Die Seite des Quadrates, welches flächengleich mit A ist, sei a,

die Seite des Quadrates, das mit B flächengleich ist, sei b.

Eine beliebige Seite der Figur A sei c. Nun suche man das vierte Glied d in der Proportion

$$a : b = c : d$$

und construire (nach §. 6. Aufgabe) ein Vieleck C, das mit A ähnlich ist, in welchem die mit c gleichliegende Seite die Größe d hat; so wird C die verlangte Figur sein.

Es ist nämlich

$A : B = a^2 : b^2$ nach der Annahme,

$A : C = c^2 : d^2$ nach der Construction,

$a : b = c : d$ nach der Construction,

$a^2 : b^2 = c^2 : d^2$ (XI, 18. Zus.). Daher auch

$A : B = A : C$; also $B = C$ (XI, 11.).

§. 10. Lehrsatz.

Jede beliebige zwei geradlinige Figuren lassen sich in gleich viele ähnliche Dreiecke zerlegen.

Auflösung und Beweis.

Sind A und B zwei beliebige geradlinige Figuren (etwa ein Fünfeck und ein auch an Größe verschiedenes Neuneck) so construire man eine Figur C, die mit A ähnlich und mit B raumgleich ist.

Diese Figur C läßt sich mit B in gleichviele und congruente Dreiecke zerlegen (VII, 10.).

Ist dies geschehen, so läßt sich A in Dreiecke zerlegen, die den Theildreiecken von C einzeln ähnlich sind (§. 6.).

Ist dies geschehen, so sind auch die Theildreiecke von A einzeln verglichen den Theildreiecken von B ähnlich.

Es ist also möglich, jede zwei beliebige, noch so verschiedene, geradlinige Figuren in gleich viel ähnliche Dreiecke zu zerlegen.

Anm. Es genügt hier, die Möglichkeit dieser Theilung der Figuren in ähnliche Dreiecke bewiesen zu haben. Die Ausführung selbst wird in den meisten Fällen sehr weitläuftig sein, wie es auch die Theilung flächengleicher Figuren in congruente Dreiecke ist. Eine weitere Verfolgung dieser Betrachtungen zeigt zugleich, daß diese Theilungen in jedem Falle auf unzählig verschiedene Weise gemacht werden können, so daß jedesmal ganz andere congruente oder ähnliche Dreiecke entstehen.

§. 10. Schlußbemerkungen zum dreizehnten Abschnitt.

1. Aehnliche Figuren können jederzeit so in derselben Ebene liegend gedacht werden, daß die gleichliegenden Seiten derselben parallel sind.

Es läßt sich nämlich zeigen, daß wenn nur zwei zusammenstoßende Seiten einer Figur den gleichliegenden Seiten einer ähnlichen Figur parallel sind, dies mit allen gleichliegenden Seiten der Fall ist. Zwei beliebige geradlinige ähnliche Figuren können in zweifacher Weise parallelseitig gelegt werden; entweder

1) so, daß die vorwärts (d. h. nicht über den Scheitelpunkt zurück) verlängerten Schenkel gleichliegender Winkel nirgend zusammentreffen, oder

2) so, daß diese Verlängerungen sich wechselseitig durchschneiden.

Die erste Lage nennt man die direkt übereinstimmende, die zweite die inverse übereinstimmende Lage der Figuren.

In beiden Lagen treffen die geraden Linien, welche man durch die gleichliegenden Eckpunkte der Figuren legt, in einen Punkt zusammen, den man den Aehnlichkeitspunkt genannt hat, und zwar bei der direkten Lage den äußeren Aehnlichkeitspunkt, bei der inversen den inneren Aehnlichkeitspunkt.

In Fig. 29. haben die ähnlichen Fünfecke ABCDE und abcde die direkt übereinstimmende Lage, und F ist der äußere Aehnlichkeitspunkt beider Figuren.

Die ähnlichen Fünfecke ABCDE und $\alpha\beta\gamma\delta\varepsilon$ haben die inverse Lage und F ist für sie der innere Aehnlichkeitspunkt.

Daß in beiden Fällen die Abstände der gleichliegenden Eckpunkte von dem Aehnlichkeitspunkt den Seiten der ähnlichen Figuren proportional sind,

daß ferner jede von dem Aehnlichkeitspunkte aus durch beide Figuren gezogene Gerade die gleichliegenden Seiten, welche von ihr getroffen werden, proportional schneidet, ist leicht zu erkennen.

Die Proportionen

$$FA : Fa = AB : ab,$$
$$FA : F\alpha = AB : \alpha\beta,$$

und eben so die Proportionen

$$CL : LD = cl : ld \text{ und}$$

$$CL : LD = \gamma\lambda : \lambda\delta$$

sind in der leicht erweislichen Aehnlichkeit der Dreiecke FAB; Fab, $F\alpha\beta$, so wie der Dreiecke FLC, Flc, $F\lambda\gamma$ und FLD, Fld, $F\lambda\delta$ gegründet.

Zwei reguläre Vielecke von gleicher und gerader Seitenzahl sind in der direkten Lage zugleich auch inverse übereinstimmend; weil in ihnen je zwei Paare von Gegenseiten parallel sind und gleiche Winkel einschließen. Solche Figuren haben zugleich einen inneren und einen äußeren Aehnlichkeitspunkt.

Solche reguläre Figuren werden in übereinstimmender Lage sein; wenn nur eine Seite der einen mit einer Seite der anderen parallel ist. Die Aehnlichkeitspunkte derselben werden auf der geraden Linie liegen, welche die Mittelpunkte derselben verbindet und je zwei große oder kleine Halbmesser derselben werden parallel sein. Die Aehnlichkeitspunkte werden also da liegen, wo die gerade Linie, welche durch die äußeren Endpunkte zweier paralleler Radien geht, die Mittelpunktslinie schneidet. Liegen beide parallele Radien auf derselben Seite der Mittelpunktslinie; so wird in der beschriebenen Weise der äußere Aehnlichkeitspunkt bestimmt; liegen sie auf verschiedenen Seiten, der innere.

Beschreibt man um reguläre Figuren, die in übereinstimmender Lage sind, Kreise, so kann man reguläre Figuren von doppelter Seitenzahl in diese Kreise einschreiben. Diese werden dann auch in ähnlicher Lage sein und dieselben Aehnlichkeitspunkte haben.

Fährt man fort, die Seitenzahl der eingeschriebenen Figuren zu verdoppeln; so werden die jedesmal entstandenen Figuren dieselben Aehnlichkeitspunkte behalten.

Da nun der Kreis als ein reguläres Polygon von unendlicher gerader Seitenzahl betrachtet werden kann; so werden die für zwei reguläre Figuren gefundenen Aehnlichkeitspunkte, auch die Aehnlichkeitspunkte der umschriebenen Kreise sein.

Es läßt sich nun auch leicht beweisen, daß die Verbindungslinien der Endpunkte paralleler Radien zweier Kreise die Centrale derselben immer in demselben Punkte schneiden; wenn die Radien auf einer Seite der Centrale liegen und immer in einem und demselben anderen Punkte; wenn die Radien auf verschiedenen Seiten der Centrale liegen. Dadurch ist die Lage des äußeren und des inneren Aehnlichkeitspunktes zweier Kreise bestimmt.

2. Die im siebenten Abschnitte (§. 5.) behandelte Construktion einer Figur vermittelst der Abscissen und Ordinaten ihrer Eckpunkte läßt sich auch für ähnliche Figuren anwenden. Wenn dort die Abscissen gleichliegender Punkte einander gleich sein mußten und eben so auch die Ordinaten; so müssen hier die

Ordinaten der übereinstimmenden Punkte zu ihren Abscissen dasselbe Verhältniß haben.

Ist also (in Fig. 72. der fünften Tafel im ersten Cursus) die Figur ABCDE der Figur abcde ähnlich, so gelten die Proportionen:

$$GL : LA = gl : la, \qquad GM : MB = gm : mb,$$
$$GN : NC = gn : nc, \qquad GO : OD = go : od,$$
$$GK : KE = gk : ke.$$

Die weitere Betrachtung lehrt, daß, wenn man auf zwei gleichliegenden Seiten so construirter ähnlicher Figuren Punkte annimmt, deren Abstände von den gleichliegenden Endpunkten der Seiten dasselbe Verhältniß haben, auch die Abscissen und Ordinaten dieser so angenommenen Punkte proportional sind.

Die gesammten Umfänge ähnlicher Figuren sind also von der Beschaffenheit, daß zu jedem Punkte des einen ein gleichliegender des anderen gehört, dessen Abscisse und Ordinate dasselbe Verhältniß hat.

Man kann diese Eigenschaft der Umfänge ähnlicher geradliniger Figuren auch auf krummlinige beziehen, und bei richtiger Wahl der Abscissenlinien (VII, 5.) untersuchen, ob diese Eigenschaft stattfindet.

Bei Kreisen findet sie statt; wenn man zwei beliebig gewählte Durchmesser als Abscissenlinien annimmt, und die Abscissen vom Anfangspunkte jedes Durchmessers rechnet. Errichtet man an den Endpunkten zweier Abscissen, welche sich wie die Radien beider Kreise verhalten, zwei Perpendikel; so verhalten sich auch diese, wie die Radien. Daher sind auch Kreise ähnliche Figuren.

3) Eine leichte Folgerung des §. 8. ist folgender Satz:

Wenn die Seiten eines rechtwinkligen Dreiecks gleichliegende Seiten ähnlicher Figuren sind; so ist die Hypotenusenfigur so groß wie beide Kathetenfiguren zusammengenommen.

3) Ist nämlich H die Figur an der Hypotenuse h, K an der Kathete k, C an der Kathete c; so bestehen folgende Proportionen, von denen die 4. aus der 2. und 3. zusammengesetzt ist.

1) $K : C = k^2 : c^2$ (XIII, 8.),

2) $K+C : C = k+c^2 : c^2$ (XI, 21.),

3) $C : H = c^2 : h^2$ (XIII, 8.),

4) $K+C : H = k+c^2 : h^2$.

Was zu beweisen war.

Vierzehnter Abschnitt.

Proportionalitäten am und im Kreise.

§. 1. Lehrsatz.

Die Abschnitte zweier Sehnen, die sich innerhalb eines Kreises durchschneiden, bilden eine Proportion, in welcher die Abschnitte der einen Sehne die inneren, die Abschnitte der anderen Sehne die äußeren Glieder sind.

Beweis.

Da das Rechteck unter den Abschnitten der einen Sehne dem Rechteck unter den Abschnitten der anderen gleich ist (VIII, 25.), und da die Seiten zweier flächengleichen Rechtecke eine Proportion bilden; wenn man die Seiten des einen Rechtecks zu inneren Gliedern und die des andern zu äußeren Gliedern macht (XII, 10.); so ist der Satz erwiesen.

Man kann indeß auch leicht die Aehnlichkeit der Dreiecke nachweisen, welche entstehen, wenn man die Endpunkte der Sehnen AB und CD (Fig. 30.), die sich in E schneiden, durch die Linien AC und DB verbindet. Es ist dann

Winkel AEC = DEB (III, 13), ACE = EBD (VIII, 15.),

also $\triangle$ AEC $\sim$ DEB und EA : ED = EC : EB.

Was zu beweisen war.

Es hat keine Schwierigkeit, die Umkehrung dieses Satzes zu beweisen. Sie spricht sich aus als

1. Zusatz.

Wenn auf zwei sich schneidenden Linien vom Durchschnittspunkte aus nach verschiedenen Seiten hin Linien abgeschnitten sind, die eine Proportion bilden, deren innere Glieder die Abschnitte der einen Linie und deren äußere Glieder die Abschnitte der andern sind; so liegen die vier Endpunkte der Abschnitte in der Peripherie eines Kreises.

Wird eine der beiden Sehnen durch die andere halbirt; so ist ihre Hälfte die mittlere Proportionale zwischen den Abschnitten der andern Sehne. Daraus folgt auch der

2. Zusatz.

Ein Perpendikel auf dem Durchmesser eines Kreises ist die mittlere Proportionale zwischen den Abschnitten desselben.

§. 2. Lehrsatz.

Die Abschnitte zweier Sehnen, die sich außerhalb eines Kreises schneiden, bilden, vom Durchschnittspunkt aus bis zur Peripherie gerechnet, eine Proportion, in welcher die Abschnitte einer Sehne die inneren und die Abschnitte der anderen Sehne die äußeren Glieder sind.

Beweis.

Da (nach VIII, 26.) die Rechtecke unter den so gerechneten Abschnitten der Sehnen einander gleich sind; so folgt dieser Satz unmittelbar, wie der vorige, aus §. 10. des 12. Abschnitts.

Es lassen sich aber auch (Fig. 31.) die ähnlichen Dreiecke nachweisen, welche entstehen; wenn sich die Sehnen AB und CD außerhalb des Kreises in E schneiden, und die Sehnen AC und BD gezogen werden. Es ist dann

$$\text{Winkel } AEC = BED \text{ und } CAE = BDE\text{; also}$$

$$\triangle\ EAC \sim BDE \text{ und } EA : DE = EC : EB.$$

Was zu beweisen war.

Auch hier ergiebt sich als Umkehrung leicht der

Zusatz.

Wenn auf den Schenkeln eines Winkels vier proportionale Linien vom Scheitelpunkte aus so aufgetragen sind, daß die inneren Glieder auf einem Schenkel, die äußeren auf dem andern liegen; so läßt sich durch die vier Endpunkte dieser Linien auf den Schenkeln ein Kreis beschreiben.

§. 3. Lehrsatz.

Wenn eine Tangente eines Kreises sich mit einer verlängerten Sehne desselben durchschneidet; so ist der Abschnitt der Tangente vom Durchschnittspunkte bis zum Berührungspunkte die mittlere Proportionale zwischen den vom Durchschnittspunkte aus gerechneten Abschnitten der Sehne.

Beweis.

Da das Quadrat der Tangente dem Rechteck unter beiden Abschnitten gleich ist (VIII, 27.); so ergiebt sich der Beweis unmittelbar aus XII, 10.

Es lassen sich aber auch die ähnlichen Dreiecke (Fig. 32.) nachweisen, aus denen er folgt.

Wird nämlich die Tangente an C von der verlängerten Sehne AB in E geschnitten und zieht man AC und BC, so ist

Winkel AEC = BEC und EAC = BCE (VIII, 23.); also

$\triangle$ ACE $\sim$ BCE; folglich EA : EC = EC : EB.

Was zu beweisen war.

Auch hier ergiebt sich als Umkehrung leicht der

Zusatz.

Wenn von einem Punkte außerhalb eines Kreises eine Linie durch denselben und eine Linie an denselben gezogen ist, und die an den Kreis gezogene Linie ist die mittlere Proportionale zwischen den von diesem Punkte aus gerechneten Abschnitten der in den Kreis gezogenen Linie; so ist die an den Kreis gezogene Gerade eine Tangente.

§. 4. Lehrsatz.

In jedem Kreissehnenviereck ist das Rechteck beider Diagonalen so groß wie die beiden Rechtecke unter den Gegenseiten zusammen.

Beweis.

Es sei (Fig. 33.) ABCD ein Viereck, dessen Seiten Sehnen eines Kreises sind. Es soll gezeigt werden,

daß $AC \times BD = AB \times CD + AD \times BC$.

Man lege an AB den Winkel ABE = CBD; dessen Schenkel BE die Diagonale AC in E trifft. Es ist dann

Winkel ABE = CBD nach der Construction,

BAE = BDC (VIII, 15.);

also Dreieck AEB ∼ BCD, und daher

BD : AB = DC : AE, oder AE.BD = AB.DC.

Es ist ferner

Winkel CBE = CBA — ABE = CBA — CBD = ABD

und Winkel BCE = BDA (VIII, 15.);

also △ CBE ∼ ABD. Deshalb auch

BD : BC = AD : CE, oder CE.BD = AD.BC.

Daher ist auch

AE.BD + EC.BD = AB.DC + AD.BC (I, 6.) und

AC.BD = AB.DC + AD.BC (VI, 14. 1.). Was zu beweisen war.

Um die Umkehrung dieses Satzes zu erweisen, muß man zunächst voraussetzen, daß im Viereck (Fig. 34.) ABCD

Rechteck AB.CD + AD.BC = AC.BD ist.

Legt man an AB in A den Winkel BAE = BDC und in B den Winkel ABE = CBD; so ist △ AEB ähnlich BDC und

BD : BA = DC : AE, oder BD.AE = BA.DC

und zugleich BD : BA = BC : BE.

Da aber auch Winkel EBC = ABD ist; so sind die Dreiecke ABD und BCE ähnlich (XIII, 3.), und daher auch

BD : BC = AD : CE oder BD.CE = BC.AD,

Mithin ist BD.AE + BD.EC = BA.DC + BC.AD,

oder BD (AE + EC) = BA.DC + BC.AD;

oder BD (AE + EC) = BD.AC,

also ist AE + EC = AC.

Es liegt also E auf der Linie AC. Dann ist aber BAC = BDC und es läßt sich ein Kreis durch B, C, D, A beschreiben (VIII, 28. 1.).

Es ergiebt sich also der

1. Zusatz.

Wenn in einem Viereck das Rechteck der beiden Diagonalen flächengleich ist den beiden Rechtecken unter den Gegen-

seiten; so läßt sich ein Kreis durch die vier Winkelspitzen im Umfange des Vierecks beschreiben.

Auch folgt aus diesem Beweise der

2. Zusatz.

In jedem Viereck, um welches sich nicht ein Kreis beschreiben läßt, ist das Rechteck der beiden Diagonalen kleiner als die Rechtecke unter den Gegenseiten zusammengenommen.

§. 5. Aufgabe.

Eine gerade Linie so zu theilen, daß der größere Abschnitt die mittlere Proportionale zwischen dem kleineren und der ganzen ist.

Auflösung und Beweis.

Soll die Linie AB (Fig. 35.) so bei E getheilt werden, daß $AB : AE = AE : EB$ wird; so soll durch diese Theilung $AE^2 = AB.BE$ werden. Die Aufgabe fällt also mit der im sechsten Abschnitt §. 28. gelösten zusammen.

Der Beweis für jene Auflösung wird durch Anwendung der Lehrsätze dieses Abschnittes viel einfacher. Daher die Aufgabe hier noch einmal behandelt werden soll.

Sei AB die zu theilende Linie. Man errichte in B ein Perpendikel BG, der Linie AB gleich, halbire dasselbe in C, und beschreibe einen Kreis mit dem Radius CB, ziehe von A durch C die Gerade AC, welche den Kreis in D und F trifft, und beschreibe um A mit AD einen Kreis, der AB in E trifft; so ist E der gesuchte Punkt.

Denn es ist $AF : AB = AB : AD$ (§. 3.);

also auch $AB : AF - AB = AD : AB - AD$,

oder $AB : AE = AE : EB$.

Anm. Die Aufgabe, welche hier wiederholt behandelt worden, ist zur Construction des regulären Zehnecks erforderlich, auf welcher die Construction des regulären Fünfecks beruht (IX, 4.). Auch der dort bewiesene Lehrsatz, daß das Quadrat der regulären Sechseckseite mit dem Quadrate der regulären Zehneckseite zusammen dem Quadrate der regulären Fünfeckseite gleich ist, läßt sich durch Anwendung der Proportionen folgendermaßen nachweisen.

Ist in dem Kreise um C mit dem Durchmesser AD die Sehne AB (Fig. 36.) Fünfecksseite, AE Zehnecksseite, darauf CF senkrecht, welche Linie sowohl die Sehne AE in F, als auch den Bogen AE in G halbirt, und die Sehne AB in H schneidet.

Zieht man BE und EH; so ist $\triangle$ ABE $\sim$ AHE; weil beide Dreiecke gleichschenklig sind und denselben Winkel an der Grundlinie, EAB, haben.

Ferner steht der Peripheriewinkel BAD auf dem Bogen BD, der drei Fünftel des Halbkreises ist, und der Centriwinkel GCB auf dem Bogen BG, der drei Zehntel des Halbkreises ist;

also ist Bogen DB = 2 Bogen BG; also Winkel BAC = BCH,

und, da auch Winkel ABC = HBC, so ist auch $\triangle$ ABC $\sim$ BCH.

Aus der ersten Aehnlichkeit folgt

$$BA : AE = AE : AH; \text{ also } AE^2 = BA.AH.$$

Aus der zweiten Aehnlichkeit folgt

$$AB : BC = BC : BH; \text{ also } BC^2 = AB.BH. \text{ Demnach ist}$$

$$AE^2 + BC^2 = AB.AH + AB.BH = AB\,(AH + HB) = AB^2.$$

§. 6. Lehrsatz.

Wenn man von einer Winkelspitze eines Kreissehnendreiecks ein Perpendikel auf die Gegenseite fällt und einen Durchmesser zieht; so sind diese beiden Linien die mittleren Glieder einer Proportion, deren äußere Glieder die in jener Winkelspitze zusammentreffenden Dreiecksseiten sind.

Beweis.

In dem Kreissehnendreieck ABC (Fig. 37.) sei von A auf BC das Perpendikel AD gefällt und der Durchmesser AE gezogen; so soll die Proportion stattfinden:

$$AB : AE = AD : AC.$$

Man ziehe BE; so ist

Winkel ABE = ADC (VIII, 15 a.); AEB = ACD (VIII, 15 c.);

also Dreieck ABE $\sim$ ADC; folglich

AB : AE = AD : AC. W. z. b. w.

Anm. Der Satz zeigt, wie man aus zweien Seiten eines Dreiecks, a und b, und dem Höhenperpendikel auf der dritten Seite, p, den Radius r des umschriebenen Kreises finden kann.

Es ist $a : 2r = p : b$; also $2rp = ab$, oder $r = \frac{ab}{2p}$.

§. 7. Erklärung.

Seitenergänzung in einem Dreiecke heißt der Unterschied einer Seite und der halben Seitensumme.

Da je zwei Seiten eines Dreiecks größer sind als die dritte; so ist auch die halbe Summe der drei Seiten größer als jede Seite. Die Seitenergänzung ist daher dasjenige, was einer jeden Seite zur halben Summe fehlt.

§. 8. Lehrsatz.

Das Quadrat des Radius des in ein Dreieck eingeschriebenen Kreises verhält sich zum Rechteck zweier Seitenergänzungen, wie die dritte Seitenergänzung zur halben Seitensumme.

Beweis.

Es sei (Fig. 38.) das Dreieck ABC gegeben, der Winkel bei C sei halbirt durch die Linie CD, der Winkel bei B durch die Linie BE, welche CD in E schneidet; so ist E der Mittelpunkt eines Kreises, der die drei Seiten des Dreiecks berührt (IX, 8.).

Dies geschehe in den Punkten F, G, H;

so ist AH = AG, CH = CF, BG = BF (VIII, 22. Zus.).

Es ist also 2AH + 2CF + 2BF der Umfang des Dreiecks,

und BF + CF + AH oder CB + AH der halbe Umfang.

Nennt man diesen s; so ist AH = s — CB.

Eben so ist CH = s — AB, BF = s — AC.

Verlängert man die Seite CB bis K und halbirt den Außenwinkel des Dreiecks ABK durch die Linie BL; welche die verlängerte Gerade CE in L trifft; so ist L der Mittelpunkt eines Kreises, der die eine Dreiecksseite AB und die Verlängerungen der anderen CA und CB berührt.

Fällt man nämlich die Perpendikel LM auf CB, LN auf AB, LO auf AC;

so ist Dreieck LOC ≅ LMC (WWS);

eben so ist △ LNB ≅ LMB (WWS);

also ist LO = LM = LN,

und ein Kreis durch M, N, O, ein Berührungskreis der Linien CA, CB und AB.

Nun ist AN = AO, NB = BM,

also ist CA + AO + CB + BM der Umfang des Dreiecks.

Daher ist CO + CM der ganze und CO der halbe Umfang (VIII, 22. 3.).

Die Seite AC wird also durch die Linie AO, d. i. durch den Abstand des Berührungspunktes O, der zu dem äußeren Kreise gehört, zur halben Seitensumme ergänzt.

Es ist also $AO = s - AC$;

eben so ist $BM = s - CB$.

Da nun $EF \ddagger LM$ (V, 6. Zus.); so ist das Dreieck CEF dem Dreieck CLM ähnlich.

Da ferner Winkel $MBL = \frac{1}{2}GBK$ und $EBF = \frac{1}{2}GBF$;

so sind $MBL + EBF = \frac{1}{2}(GBK + GBF) = R$.

Es ist aber auch $MBL + BLM = R$,

also ist $BLM = EBF$ und Dreieck $BML \sim EBF$.

Aus der ersten Aehnlichkeit folgt . . $EF : LM = CF : CM$

aus der zweiten . . . . $LM : MB = FB : EF$

Es ist aber auch . . . . $EF : FB = EF : FB$.

Aus Zusammensetzung der drei Proportionen folgt

$$EF^2 : FB.BM = CF : CM.$$

Es ist aber EF Radius des eingeschriebenen Kreises, FB Seitenergänzung von AC, MB Seitenergänzung von CB und CF Seitenergänzung von AB. CM n blich ist die halbe Seitensumme. Die Richtigkeit des Satzes ist also erwiesen.

Anm. 1. Nennt man ϱ den Radius des eingeschriebenen Kreises und die drei Seiten des Dreiecks a, b, c, und ist $2s = a + b + c$, so ist

$$\varrho^2 : (s-a)(s-b) = (s-c) : s, \text{ oder } \varrho^2 = \frac{(s-a)(s-b)(s-c)}{s}.$$

Man findet also das Quadrat des Radius zu dem eingeschriebenen Kreise, wenn man das Produkt der drei Seitenergänzungen durch die halbe Seitensumme dividirt.

Anm. 2 Nach (VI, 14. 1.) sind die Dreiecke AEC, CEB, AEB, welche zusammen das Dreieck ABC ausmachen, auch einem einzigen Dreieck gleich, das den Umfang $a + b + c$ zur Grundlinie und den Radius des eingeschriebenen Kreises ϱ zur Höhe hat. Nennt man diese Fläche f; so ist

$$f = \frac{\varrho(a + b + c)}{2} = \varrho s;$$

$$\text{also } f^2 = \varrho^2 s^2 = s(s-a)(s-b)(s-c).$$

Hieraus folgt die bekannte Formel für die Berechnung der Fläche eines Dreiecks aus den drei Seiten

$$f = \sqrt{s(s-a)(s-b)(s-c)}.$$

Anm. 3. Wenn ein Dreieck in einen Kreis eingeschrieben ist, dessen Radius r ist, und wenn c als Grundlinie, p als Höhe des Dreiecks angesehen wird; so ist (§. 6. Anm.) $f = \frac{pc}{2}$ und $ab = 2rp$, also

$$r = \frac{ab}{2p} = \frac{abc}{4f} = \frac{abc}{4\sqrt{s\,(s-a)\,(s-b)\,(s-c)}}.$$

Dieser Ausdruck zeigt den Zusammenhang der drei Seiten eines Dreiecks mit dem Radius des umschriebenen Kreises.

Anm. 4. Construirt man an jeder der drei Seiten eines Dreiecks den äußeren Berührungskreis, der die jedesmal gewählte Seite selbst und die Verlängerungen der beiden anderen Seiten berührt; so erhält man mit dem innern Kreise zusammengenommen vier Berührungskreise der Dreiecksseiten, zwischen deren Halbmessern und den Dreiecksseiten einfache Beziehungen stattfinden, deren Erörterung dem Lernenden zur Uebung empfohlen wird.

§. 9. Lehrsatz.

Wenn man von der größeren zweier ungleichen Seiten eines Dreiecks ein Stück abschneidet, das der kleineren gleich ist, den dadurch auf der größeren Seite erhaltenen Theilpunkt mit der Spitze des Gegenwinkels verbindet, von dem Eckpunkte, in welchem die ungleichen Seiten zusammenstoßen, ein Perpendikel auf die Verbindungslinie fällt und bis zur Gegenseite verlängert; so verhalten sich die Abschnitte dieses Perpendikels vom Eckpunkte aus gerechnet, wie die Summe der ungleichen Seiten zum Unterschiede derselben.

Beweis.

In dem Dreieck ACB (Fig. 39.) sei BC > AC und CD gleich gemacht mit CA; dann AD gezogen, auf AD das Perpendikel CE errichtet und bis F verlängert, wo es die Seite AB trifft; so ist

$$CE : EF = BC + CA : BC - CA.$$

Man beschreibe um C mit CA einen Kreis der AB in G, BC in D und die Verlängerung von BC in H trifft, ziehe HA und errichte auf AD in D ein Perpendikel, das die Linie AB in K trifft.

Dann ist AH DK‡CF (V, 6. Zus.) also:

$$HA : DK = BH : BD,$$

$$CE : HA = DE : DA,$$

$$DK : FE = DA : EA,$$

folglich durch Zusammensetzung, weil DE = EA ist:

$$CE : FE = BH : BD.$$

Es ist aber $BH = BC + CH = BC + CA$,

$BD = BC - CD = BC - CA$; also

$CE : EF = BC + CA : BC - CA$. Was zu beweisen war.

Anm. Es ist Winkel $HCA = A + B$; wenn A, B, C kurz die Winkel des Dreiecks ABC bezeichnen, und Winkel $DCG = CGA - B = A - B$.

Ferner ist Winkel $CAD = CDA = \frac{1}{2}HCA = \frac{1}{2}(A + B)$,

Winkel $DAG = \frac{1}{2}DCG = \frac{1}{2}(A - B)$

Die Linie AD theilt also den Winkel bei A in zwei Theile, deren einer die halbe Summe, der andere die halbe Differenz der Winkel A und B ist.

Beschreibt man einen Kreis mit AE um A; so ist FC Tangente dieses Kreises und der Theil EC gehört zum Winkel CAE, der Theil EF zum Winkel FAE.

Dieser Satz wird daher in der Trigonometrie auch so ausgesprochen:

Die Summe zweier Seiten eines Dreiecks verhält sich zum Unterschiede derselben wie die Tangente der halben Summe der Gegenwinkel dieser Seiten zur Tangente der halben Differenz dieser Gegenwinkel.

§. 10. Schlußbemerkungen zum vierzehnten Abschnitt.

Da die Proportionalität der Linien und die davon abhängige Aehnlichkeit der Figuren nur aus einfachen Congruenzsätzen verbunden mit der Parallelentheorie abgeleitet wird; so lassen sich die meisten Sätze, welche im sechsten, achten, neunten und zehnten Abschnitt durch Vergleichung der Quadrate und Rechtecke bewiesen wurden, durch Schlüsse, die auf der Aehnlichkeit der Dreiecke beruhen, ableiten. Es sind bereits in diesem Abschnitte solche Ableitungen vorgekommen: wir erwähnen kurz noch folgende.

1) Der berühmte pythagorische Lehrsatz (VI, 23.) ergiebt sich leicht aus der Aehnlichkeit der beiden Dreiecke, in welche das gegebene rechtwinklige durch das von der Spitze des rechten Winkels gefällte Perpendikel getheilt wird, unter sich und mit dem Ganzen. Aus dieser Aehnlichkeit folgt, daß sich die Hypotenuse zu einer Kathete verhält, wie diese zu dem angrenzenden Abschnitte der Hypotenuse. Es ist also jede Kathete die mittlere Proportionale zwischen der ganzen Hypotenuse und dem anliegenden Abschnitt derselben; folglich ist das Quadrat jeder Kathete dem Rechteck unter der ganzen Hypotenuse und dem angrenzenden Abschnitte gleich.

Beide Kathetenquadrate sind also zusammen dem Hypotenusenquadrate gleich.

Dies folgte aus der Aehnlichkeit jedes Theildreiecks mit dem Ganzen. Aus der Aehnlichkeit der Theildreiecke unter sich ergiebt sich, daß das Perpendikel die mittlere Proportionale zwischen beiden Abschnitten der Hypotenuse ist, daß also das Quadrat dieses Perpendikels dem Rechtecke beider Abschnitte gleich ist.

2) Hieran schließt sich leicht die Aufgabe (VI, 27.): ein Rechteck in ein flächengleiches Quadrat zu verwandeln; wobei man die mittlere Proportionale der beiden Seiten des Rechtecks zu suchen hat.

3) Ebenfalls auch der Satz (VI, 19.), daß das Quadrat der Summe zweier Linien um das doppelte Rechteck derselben größer ist als die Summe der Quadrate derselben. Die durch das Perpendikel getheilte Hypotenuse kann als Summe der beiden Abschnitte betrachtet werden. Das Quadrat der Summe, d. h. der Hypotenuse ist dann den beiden Kathetenquadraten gleich. Jedes Kathetenquadrat ist aber wieder dem Quadrate eines Hypotenusenabschnitts und dem Quadrate des Perpendikels zusammengenommen gleich; also das Quadrat des ganzen so groß wie beide Quadrate der Theile und zwei Perpendikelquadrate. Jedes Perpendikelquadrat ist aber dem Rechteck beider Theile gleich.

4) Denkt man sich um das rechtwinklige Dreieck noch einen Halbkreis beschrieben, und beachtet außer dem Perpendikel noch den Radius vom Mittelpunkt bis zur Spitze des rechten Winkels; so ergiebt sich (VI, 21.), daß das Quadrat einer halben Linie (hier des Radius) so groß ist wie das Rechteck zweier ungleichen Theile (hier der Abschnitt der Hypotenuse, deren Rechteck dem Perpendikelquadrat gleich ist) und das Quadrat des Abstandes des Theilpunktes von der Mitte.

5) Denkt man sich dann von einem Punkte des verlängerten Durchmessers eine Tangente an den Kreis gelegt; so ist das Quadrat derselben dem Rechteck der Entfernungen gleich, welche dieser Punkt von den Endpunkten der Linie hat, aber zugleich auch der Unterschied der Quadrate über dem Abstande des Punktes von der Mitte der Linie und über der halben Linie. Daraus ergiebt sich der 22. Lehrsatz des sechsten Abschnitts.

6) Daß ein Rechteck aus der Summe und der Differenz zweier Linien der Differenz der Quadrate dieser Linien gleich ist, ergiebt sich auch leicht durch die Betrachtung der Tangente und der Secante, und hieraus lassen sich ohne Schwierigkeit die Erweiterungen des pythagorischen Lehrsatzes ableiten, welche in §. 24 und §. 25 des sechsten Abschnitts enthalten sind.

Die Aufsuchung dieser Beweise kann dem Lernenden nicht schwer werden. Zur Uebung in verwickelteren Untersuchungen können folgende Sätze dienen.

7) Lehrsatz.

Wenn je zwei durch zwei Zwischenseiten getrennte Gegenseiten eines Kreissehnensechsecks verlängert sich durchschneiden; so liegen die drei Durchschnittspunkte in einer geraden Linie.

Die Sehnen AB und ED (Fig. 10.) treffen in G, die Sehnen BC und FE in H, und die Sehnen CD und AF in J. Man ziehe HK ‡ CJ und HL ‡ GE, und die anderen in der Figur enthaltenen Hülfslinien zwischen den schon bestimmten Punkten.

Dann ist Winkel DLH $=\alpha=$ CDG (V, 6.) $=$ CFE (VIII, 15.d.),
$=$ EDJ (III, 13.) $=$ EBC (VIII, 15.d und III, 15.)
$=$ DKH (V, 6.).

Da EBH $=$ EKH, so geht ein Kreis durch EBKH, und da CFH $=$ CLH; so geht ein Kreis durch CFLH (VIII, 28.1.).

Nun ist Winkel FLC $=\beta=$ FHC $=$ EKB (VIII, 15. Zusatz 1.), und KBH $=\gamma=$ KEH $=$ FCD, eben so auch CBD $=\delta=$ CFD.

Aus dieser Winkelvergleichung folgt:

Winkel KBD $=\gamma+\delta=$ FDL (V, 10.) und BKD $=$ FLD,
also $\triangle$ BKD $\sim$ FLD.
Ferner ist GBD $=$ AFD $=$ FDJ $+$ FJD und KBD $=$ FDJ,
also GBD $-$ KBD $=$ FJD, oder GBK $=$ FJL. Es ist aber auch
BKG $=\varepsilon=$ FLJ (III, 12.)
also $\triangle$ BKG $\sim$ JLF. Aus beiden Aehnlichkeiten folgen die Proportionen

BK : KD $=$ DL : LF
GK : KB $=$ FL : LJ

und daraus durch Zusammensetzung

GK : KD $=$ DL : LJ,

oder auch GK : HL $=$ KH : LJ (V, 11.).

Es ist aber auch Winkel GKH $=$ HLJ;

also $\triangle$ GHK $\sim$ LHJ (XIII, 3.) und daher
Winkel LHJ $=$ KGH.
Nun ist KGH $+$ LHG $=$ 2R (V, 6.);
also ist auch LHJ $+$ GHL $=$ 2R.

Die Linien GH und HJ bilden also eine gerade (III, 16.).

8) Lehrsatz.

Wenn zwei Winkel eines Dreiecks proportional getheilt und die Theilungslinien bis zu den Gegenseiten verlängert sind, so ist die so begrenzte Theilungslinie des kleineren Winkels größer als die des größeren.

Wenn (Fig. 41.) im Dreieck CBA Winkel BAC > BCA ist und beide Winkel durch die Linien AD und CE so getheilt sind, daß zwischen den Theilen die Proportion stattfindet:

Winkel DAC : DAB = ECA : ECB;

so soll CE > AD sein.

Man lege an BA den Winkel BAF = BCE, an AC den Winkel CAG = ECA; so ist DAC > GAC und DAB > BAF; weil die Stücke eines Größeren größer sein müssen als die proportionalen Stücke eines Kleineren.

Daher liegt die Linie DA zwischen AG und AF.

Nun ist in den Dreiecken CEA und GAC, AC = AC, Winkel GAC = ECA, Winkel EAC > GCA; daraus folgt, daß CE > AG ist.

Ferner ist in den ähnlichen Dreiecken BFA und BEC;

BC : BA = CE : FA

und da BC > BA (IV, 16.),

so ist auch CE > FA.

Nun ist DA, als zwischen FA und GA liegend, kleiner als die größere derselben. Jede derselben ist aber kleiner als CE.

Folglich ist auch CE > DA.

Die Schlüsse durften bei diesem leichten Satze (der einer unter den wenigen ist, in denen Proportionalität der Winkel zur Sprache kommt), nur kurz angedeutet werden; weil jeder die Gründe für dieselben leicht übersieht. Es folgt aus diesem Satze der

Zusatz.

Wenn die Linien, durch welche zwei Winkel eines Dreiecks proportional getheilt sind, durch Ecke und Gegenseite begrenzt, gleiche Länge haben; so sind die Dreiecke gleichschenklig.

Wären nämlich die Seiten ungleich; so wären es auch jene Linien u. s. w.

9) Lehrsatz.

Wenn durch einen Punkt innerhalb eines Kreises eine ungerade Anzahl von Sehnen gelegt ist, die sich sämmtlich unter gleichen Winkeln schneiden; und man rechnet die Abschnitte dieser Sehnen abwechselnd zusammen, indem man zwischen je zweien einen überspringt; so erhält man auf jede von beiden Weisen dieselbe Summe.

Gehen also (Fig. 42.) durch den Punkt M unter gleichen Winkeln die drei Sehnen AD, BE, CF; so ist MA + MC + ME = MB + MD + MF.

Man verlängere nämlich (Fig. 43.) die Seiten des gleichseitigen Dreiecks m m' m'' bis sie den Kreis in ABCDEF treffen; so ist

$Am . mD = Fm . mC$, oder

$$Am . mm'' + Am . m''D = Fm . mm' + Fm . m'C,$$

$Cm' . m'F = Bm' . m'E$, oder

$$Cm' . m'm + Cm' . mF = Bm' . m'm'' + Bm' . m''E,$$

$Em'' . m''B = Dm'' . m''A$, oder

$$Em'' . m''m' + Em'' . m'B = Dm'' . m''m + Dm'' . mA.$$

Da nun $mm' = m'm'' = m''m$ ist; so hat man auch

$$(Am + Cm' + Em'')\, mm' + Am . m''D + Cm' . mF + Em'' . m'B =$$
$$(Fm + Bm' + Dm'')\, mm' + Fm . m'C + Bm' . m''E + Dm'' . mA.$$

Läßt man zu beiden Seiten die gleichen Ausdrücke für die Rechtecke fort; so bleibt

$$(Am + Cm' + Em'')\, mm' = (Fm + Bm' + Dm'')\, mm'$$

oder $$Am + Cm' + Em'' = Fm + Bm' + Dm''.$$

Dies gilt für jeden Werth von mm'. Denkt man sich daher (Fig. 42.) das gleichseitige Dreieck $mm'm''$ in einen Punkt M übergegangen; so ist

$$MA + MC + ME = MB + MD + MF$$

In derselben Weise wird der Beweis geführt; wenn statt des Dreiecks ein anderes reguläres Polygon gewählt ist; jedoch muß die Seitenzahl desselben ungerade sein; weil sonst parallele Seiten vorkommen, die beim Verschwinden des Polygons in einen Punkt ganz zusammenfallen. Liegt aber ein Polygon von ungerader Seitenzahl zu Grunde; so entstehen von dem Punkte M aus zuletzt doppelt so viel Linien als die Figur Seiten hat, die sich alle unter gleichen Winkeln schneiden.

Anm. Aehnliches findet, wie die Beweisführung lehrt, auch statt, wenn die Sehnen MA, MB rc. den Seiten eines gleichseitigen Polygons parallel sind, wobei die Winkel ungleich aber doch einem bestimmten Gesetze des Zusammenhanges unterworfen sind. In diesem Falle kann die Anzahl der Sehnen auch gerade sein, nur nicht vier.

Funfzehnter Abschnitt.

Verwandlung und Theilung geradliniger Figuren.

§. 1. Erklärung.

Gerade Linien, die mit den Endpunkten zusammentreffen, werden gebrochene Linien genannt, wenn die Punkte des Zusammentreffens nicht in einer einzigen geraden Linie liegen. Diese Punkte heißen die Brechungspunkte, und nach der Anzahl derselben werden die gebrochenen Linien unterschieden als einmal, zweimal, dreimal u. s. w. oder im allgemeinen mehrmal gebrochene Linien.

Die ungeschlossene Begrenzung eines Winkelblatts ist eine einmal gebrochene Linie, jeder Theil des Umfanges einer mehrseitigen Figur ist eine mehrmal gebrochene Linie.

§. 2. Aufgabe.

Durch einen Punkt im Umfange einer einmal gebrochenen Linie eine gerade Linie zu legen, die mit der gebrochenen ein Dreieck einschließt, das einer gegebenen Figur flächengleich ist.

Auflösung und Beweis.

Soll durch den Punkt D der bei B einmal gebrochenen Linie ABC (Fig. 44.) eine gerade Linie gelegt werden, die ein Dreieck abschließt, das der gegebenen Figur E gleich ist; so verwandele man die Figur E in ein Dreieck, das den Winkel ABC und die Seite BD hat (VII, 9.). Dies sei das Dreieck BDF; so ist die Aufgabe gelöset.

Anm. Es wird demnach leicht sein, Dreiecke zu finden, welche der Summe oder dem Unterschiede zweier Figuren gleich sind.

§. 3. Aufgabe.

Durch einen Punkt innerhalb einer einmal gebrochenen Linie eine gerade Linie zu legen, die mit der gebrochenen ein Dreieck einschließt, das einer gegebenen Figur flächengleich ist.

Auflösung.

Es sei die einmal gebrochene Linie ABC (Fig. 45.) und innerhalb derselben der Punkt D gegeben. Man soll eine gerade Linie durch D legen, die mit der gebrochenen ein Dreieck einschließt, das der Figur E flächengleich ist.

Man ziehe durch D eine Parallele mit BC, welche AB in F trifft, und lege durch F eine Linie FG, welche das Dreieck FGB abschneidet, das mit E flächengleich ist (§. 2.), halbire BG in H, ziehe durch H eine Parallele mit BA, welche FD in K trifft, beschreibe über DK einen Halbkreis, lege in diesen die Sehne DL = DF, und ziehe die Sehne LK.

Darauf schneide man von H aus auf HC ein Stück HM = LK ab, und ziehe MD, welche Linie AB in N trifft; so ist NM die verlangte Linie und Dreieck NMB = E.

Beweis.

Da FD ‡ BM; so ist △ FND ∼ BNM und, wenn O der Durchschnittspunkt der Linien HK und NM ist;

so ist auch △ DOK ∼ OHM und OHM ∼ NFD.

Es sind also die drei Dreiecke NFD, DOK, OHM ähnlich, und in ihnen die Seiten DF, DK, HM gleichliegend.

Es ist aber LK = HM und LD = FD, mithin schließen die gleichliegenden Seiten dieser Dreiecke ein rechtwinkliges Dreieck DLK ein (VIII, 15.c.). Daher ist

△ DOK = NFD + OHM (XIII, 11.3.).

Legt man auf beiden Seiten die Figur FDOHB hinzu; so ist

Parallelogramm FKHB = △ NBM.

Es ist aber FKHB = FGB und FGB = E;

also ist △ NBM = E.

Anm. Die Aufgabe läßt sich nur lösen; wenn FD nicht größer als DK ist; da sonst DF nicht Sehne des Halbkreises werden kann. Ist FD = DK; so wird eine durch HD gelegte gerade Linie der Aufgabe genügen. Eine zweite Linie, die der Aufgabe genügt, findet man, wenn man zuerst von D aus eine Parallele mit AB zieht, und alles Uebrige in ähnlicher Art construirt.

§. 4. Aufgabe.

Durch einen Punkt außerhalb einer einmal gebrochenen Linie eine Gerade zu legen, die mit derselben ein Dreieck einschließt, das einer gegebenen Figur flächengleich ist.

Auflösung.

Es sei (Fig. 46.) die einmal gebrochene Linie ABC und außerhalb derselben der Punkt D gegeben. Man soll durch D eine Gerade legen, die mit der gebrochenen ein Dreieck einschließt, das der Figur E flächengleich ist.

Man ziehe durch D eine Parallele mit BC, welche die Linie BA in F trifft, und verfahre genau eben so, wie in der Auflösung der vorigen Aufgabe (§. 3.) angegeben ist; so wird die zuletzt gezogene Linie MOND der Aufgabe genügen, d. h. Dreieck NBM gleich E sein.

Beweis.

Die Dreiecke DNF, DOK, HOM sind ähnlich, aus den §. 3. angegebenen Gründen und es ist DKO = DNF + HMO;

also DKO — DFN = OHM, d. h. FNKO = OHM.

Legt man zu beiden Seiten NOHB hinzu; so ist

NMB = FKHB = FGB = E. Was zu beweisen war.

Anm. Da DK jederzeit größer als DL ist; so läßt sich die Aufgabe immer lösen. Es ist aber jederzeit nur eine Lösung möglich; denn jede anders gelegte Linie als DM bildet entweder ein größeres oder ein kleineres Dreieck mit der gebrochenen Linie.

§. 5. Aufgabe.

Durch eine einmal gebrochene Linie eine Gerade zu legen, die einer gegebenen parallel ist und mit der gebrochenen ein Dreieck einschließt, das einer gegebenen Figur flächengleich ist.

Auflösung.

Es sei die gebrochene Linie ABC (Fig. 47.) und eine Linie D gegeben. Man soll eine Gerade, die mit D parallel ist, durch die gebrochene Linie legen, welche mit dieser ein Dreieck einschließt, das flächengleich mit der Figur E ist.

Man wähle auf AB einen beliebigen Punkt F, und ziehe FG so, daß Dreieck FGB = E ist. Dann ziehe man aus F eine Parallele mit D, welche die Linie BC in H schneidet, beschreibe über BG einen Halbkreis und errichte in H das Perpendikel HK, ziehe die Sehne BK und schneide von BC ein Stück BL = BK ab. Endlich ziehe man aus L die Linie LM parallel mit HF; so ist LM die verlangte Linie und $\triangle$ MLB = E.

Beweis.

Da ML ‡ FH; so ist $\triangle$ MBL $\sim$ BFH,

also MLB : FHB = $BL^2 : BH^2$, aber auch

FHB : BFG = BH : BG: daher

MLB : BFG = BL^2 : BG.BH.

Es ist aber $BL^2 = BK^2$ = BG.BH (XIV, 10. 4.),

also auch MLB = BFG. Was zu beweisen war.

Anm. Daß auch hier nur eine Auflösung möglich ist, ergiebt sich leicht. Daß die Linie D nicht parallel mit einer der Linien AB oder BC sein darf, ist eben so leicht einzusehen.

§. 6. Aufgabe.

Durch eine zweimal nach einer Seite hin gebrochene Linie, deren Außenlinien parallel sind, eine gerade Linie, die entweder durch einen gegebenen Punkt geht, oder einer gegebenen Linie parallel ist, zu legen, die ein Viereck abschneidet, das einer gegebenen Figur flächengleich ist.

Auflösung.

Wenn (Fig. 48.) die nach einer Seite hin zweimal gebrochene Linie ABCD gegeben ist und eine Gerade hindurchgelegt werden soll, die ein Viereck abschneidet, das flächengleich mit E ist; so lege man die Gerade BG so, daß Dreieck BCG = E ist (§. 2.), halbire die Linie BG in H, und lege durch H die Gerade KLMN, die entweder durch den Punkt des Umfangs L, oder durch den Punkt innerhalb M, oder durch den Punkt außerhalb K geht, oder mit der Linie F parallel ist; so ist das Viereck LBCN = E.

Beweis.

Da BH = HG, Winkel LBH = HGN (V, 6.) und LHB = NHG, so ist $\triangle$ BHL $\cong$ NHG.

Legt man zu jedem dieser Dreiecke das Viereck BHNC, so ist

BLNC = BGC = E. Was zu beweisen war.

Anm. Wenn die durch H gelegte Linie KN nur eine der Parallelen trifft; so läßt sich ein Viereck der gegebenen Größe nicht abschneiden, wohl aber ein Dreieck (nach §. 3. 4. 5.).

§. 7. Aufgabe.

Durch eine zweimal nach einer Seite hin gebrochene Linie, deren Außenlinien nicht parallel sind, eine Gerade zu legen, die entweder einer gegebenen parallel ist, oder durch einen gegebenen Punkt geht und mit der gebrochenen ein Viereck einschließt, das einer gegebenen Figur flächengleich ist.

Auflösung.

a) Wenn (Fig. 49.) die nach einer Seite hin zweimal gebrochene Linie ABCD gegeben ist, deren Außenlinien auseinandergehen (divergiren); so verlängere man beide bis sie sich in G treffen und lege nun die Gerade HKLM, entweder durch den Punkt des Umfanges K, oder durch den Punkt innerhalb L, oder durch den Punkt außerhalb H, oder parallel mit der gegebenen Linie F so, daß das Dreieck KGM gleich ist der Summe des Dreiecks BGC und der Figur E, so ist die Aufgabe gelöst und das Viereck KBCM = E.

b) Wenn aber (Fig. 50.) die Außenlinien BA und CD zusammenlaufen (convergiren); so verlängere man dieselben bis zu ihrem Treffungspunkte G und lege die Linie HKLM so, daß sie aus der einmal gebrochenen BGC ein Dreieck KMG abschneidet, das dem Unterschiede des Dreiecks BGC und der Figur E gleich ist. Dann ist die Aufgabe gelöst und BKMC = E.

Der Beweis ergiebt sich in beiden Fällen unmittelbar aus der Auflösung.

Anm. Wenn im ersten Falle die Linie HKLM durch BC geht; oder im zweiten △ BGC kleiner als E ist; so ist die Lösung der Aufgabe nicht möglich.

§. 8. Aufgabe.

Von einer beliebigen hohlwinkligen geradlinigen Figur durch eine Linie, die einen gegebenen Punkt des Umfangs schneidet, ein Stück abzuschneiden, das einer gegebenen kleineren Figur flächengleich ist.

Auflösung und Beweis.

Es sei (Fig. 51.) das volle Sechseck ABCDEF gegeben und im Umfange auf der Seite AB der Punkt G bestimmt. Man soll durch G eine Linie legen, die ein Flächenstück abschneidet, das einer kleineren Figur P gleich ist. Man ziehe aus G nach den Winkelspitzen F, E, D, C die geraden Linien GF, GE, GD, GC und untersuche entweder durch Verwandlung in Quadrate oder in Dreiecke von gleicher Höhe; ob GAF > P. Ist dies der Fall; so lege man aus G durch die ein-

5 *

mal gebrochene Linie GAF eine Linie, welche ein Dreieck abschneidet, das gleich ist der Fläche P; so ist die Aufgabe gelöset.

Ist aber FAG = P; so genügt die Linie GF der Aufgabe.

Ist endlich GAF kleiner als P; so untersuche man, ob das Viereck GAFE größer als P ist.

Ist dies der Fall, so lege man durch G eine Linie, welche die zweimal gebrochene Linie GAFE schneidet und ein Viereck abschneidet, das der gegebenen Figur flächengleich ist.

Ist aber GAFE = P; so wird die Aufgabe durch die Linie GE gelöset.

Ist endlich auch GAFE < P; so schneide man, sobald nur GAFED > P ist, von der zweimal gebrochenen Linie GFED durch eine Linie GH ein Stück GFEH = P — GAF ab. Dann wird die Linie GH der Aufgabe genügen, weil FEHG mit GAF vereinigt d. h. GAFEH der Fläche P gleich ist.

Man sieht leicht ein, wie die Untersuchung fortgesetzt und die Aufgabe in jedem Falle gelöst werden kann.

§. 9. Aufgabe.

Von einer gegebenen vollen geradlinigen Figur durch eine von einem außerhalb derselben gegebenen Punkt gezogene Linie ein Stück abzuschneiden, daß einer gegebenen Figur gleich ist.

Auflösung.

Soll (Fig. 52.) von dem Sechseck ABCDEF ein der Figur P gleiches Stück durch eine Linie abgeschnitten werden, die von dem Punkt G gezogen ist; so verbinde man G durch gerade Linien mit allen Eckpunkten. Dadurch wird die Figur in mehrere Stücke zerlegt. Diese sind LAB, FLBH, OFHC, KOCD, EKD.

Man wird nun durch Vergleichung dieser Stücke mit P leicht beurtheilen, ob LAB = P, oder ob LAB > P, oder ob LAB < P.

Im ersten Falle wäre GLB die gesuchte Linie.

Im zweiten Fall könnte man nach §. 4. die einmal gebrochene Linie LAB vermittelst einer durch G gelegten Linie so durchschneiden, daß eine Figur abgeschnitten würde, welche so groß wie die gegebene P ist.

Im dritten Falle untersucht man ferner, ob LAB + FLBH, d. h. ob FABH = P oder FABH > P oder FABH < P.

Wäre das erstere; so würde GH die gesuchte Linie sein; im zweiten Falle könnte man die zweimal gebrochene Linie FABH so schneiden, daß ein Stück abgeschnitten würde, welches der Figur P gleich ist.

Im dritten Falle müßte die Vergleichung zwischen OFABC und P angestellt werden. Findet sich hier z. B. daß OFABC > P und FABH < P; so durchschneide man die zweimal gebrochene Linie OFHC dergestalt vermittelst einer aus G gezogenen Linie GNM, daß ein Flächenstück NFHM begrenzt wird, welches um FABH kleiner als P ist. Dann ist klar, daß NFABHM = P sei.

Anm. Diese Aufgabe läßt zwei Auflösungen zu; wenn der abgeschnittene Theil nicht genau die Hälfte der gegebenen Figur ist.

§. 10. Zusatz.

Es ist leicht einzusehen daß auch durch einen gegebenen Punkt innerhalb einer beliebigen hohlwinkligen geradlinigen Figur in sehr vielen Fällen eine Linie wird gelegt werden können, die ein bestimmtes kleineres Flächenstück abschneidet.

Es muß z. B. immer möglich sein, auf diese Weise ein Stück abzuschneiden, das der Hälfte der Figur gleich ist. Die Untersuchung der einzelnen Fälle ist indeß hier, wenn man die Aufgabe allgemein faßt, so verwickelt, daß es besser der Beurtheilung in jedem besonderen Falle überlassen bleiben muß, ob und wie die Construktion durch Anwendung von §. 9. möglich ist.

§. 11. Aufgabe

Von einer gegebenen vollen geradlinigen Figur durch eine Linie, die einer gegebenen parallel ist, ein Stück abzuschneiden, das einer gegebenen kleineren geradlinigen Figur gleich ist.

Auflösung.

Soll (Fig. 53.) von der geradlinigen Figur ABCDEF durch eine Linie, die mit GH parallel ist, ein Stück abgeschnitten werden, das einer Figur P gleich ist; so ziehe man aus allen Winkelspitzen durch die Figur parallele Linien mit GH, also BL, CN, EM, FK.

Nun untersuche man, ob Dreieck NDC = P, oder NDC > P, oder NDC < P.

Im ersten Falle ist CN die verlangte Linie, im zweiten Falle kann innerhalb der einmal gebrochenen Linie NDC durch eine mit GH parallele Linie das verlangte mit P flächengleiche Stück abgeschnitten werden.

Im dritten Fall untersuche man ferner, ob EDCM = P, oder EDCM > P, oder EDCM < P.

Im ersten Falle ist EM die gesuchte Linie, im zweiten Falle kann innerhalb der zweimal gebrochenen Linie EDCM ein mit P flächengleiches Stück abgeschnitten werden.

Im dritten Fall untersuche man weiter, ob LEDCB = P oder LEDCB > P oder LEDCB < P.

Im ersten Falle ist LB die gesuchte Linie, im zweiten Falle lege man durch die zweimal gebrochene Linie LEMB eine Parallele mit HG, welche innerhalb derselben ein Flächenstück abschneidet, QEMO, das dem Unterschiede von P und EDCM gleich ist. Dann ist offenbar QEDCO = P und QO parallel mit HG.

Es ist ersichtlich, wie diese Untersuchung in jedem Falle weiter fortzusetzen ist.

Anm. Auch hier wird eine zweifache Auflösung möglich sein; sobald P nicht der halben Figur genau gleich ist.

§. 12. Aufgabe.

Wenn von einem Punkte innerhalb einer vollen geradlinigen Figur eine gerade Linie nach einem Punkte des Umfangs gezogen ist, eine zweite ähnlich beschaffene Linie zu finden, die mit dieser und dem dazwischen liegenden Theile des Umfanges ein Flächenstück einschließt, das einer gegebenen kleineren geradlinigen Figur gleich ist.

Auflösung.

Innerhalb der geradlinigen Figur ABCDE (Fig. 54.) sei der Punkt F angenommen und nach einem beliebigen Umfangspunkte G die Linie FG gezogen. Man soll eine andre Linie durch F legen, die ein Flächenstück aus der Figur ausschneidet, das einer beliebigen gegebenen Figur P gleich ist.

Man ziehe FD, FC, FB, FA, FE.

Ist nun Dreieck FGD > P, so lege man durch P eine Linie FK so, daß FGK = P wird; dann ist FK die verlangte Linie.

Ist aber FDG = P; so ist FD die verlangte Linie.

Ist FGD < P, aber FGDC > P; so lege man durch die einmal gebrochene Linie FDC und den Punkt F die Linie FL so, daß FDL = P — GFD wird (§. 3.): dann ist FL die verlangte Linie.

Wie diese Betrachtungen und Schlüsse fortgesetzt werden können und in jedem Falle die Auflösung gefunden wird, ergiebt sich sehr einfach.

§. 13. Zusatz.

Da jede beliebige geradlinige Figur in ein Dreieck verwandelt und jedes Dreieck durch Theilung der Grundlinien in beliebig viele gleiche Theile getheilt werden kann; so läßt sich also jederzeit ein Dreieck finden, das einem bestimmten Theile einer gegebenen Figur gleich ist. Da nun von jeder gegebenen vollen Figur ein beliebiges Stück durch eine Linie abgeschnitten werden kann, die a) entweder durch einen gegebenen Punkt des Umfangs, oder b) durch einen außerhalb, oder c) mit einer gegebenen Linie parallel gezogen ist; oder d) einen Punkt in der Figur zum Anfangspunkte hat, von welchem schon eine Linie nach einem beliebigen Punkte des Umfangs gezogen ist; so läßt sich also auch von jeder vollen Figur ein genauer Theil derselben durch solche Linien abschneiden; da ferner von dem jedesmal zurückbleibenden Stücke auf dieselbe Art wieder derselbe Theil abgeschnitten werden kann; so sieht man ein, wie sich aus den vorigen Sätzen die Auflösungen folgender Aufgaben leicht ergeben:

1) Eine gegebene volle Figur durch Linien, die von einem Punkte des Umfangs gezogen sind, in eine beliebige Anzahl gleicher Theile zu theilen.

2) Eine solche Figur durch Linien, die von einem Punkte außerhalb gezogen sind, eben so zu theilen.

3) Eine eben solche Figur durch Parallellinien in eine beliebige Anzahl gleicher Theile zu theilen.

4) Eine solche Figur durch Linien die aus einem Punkt innerhalb gezogen sind, und von denen eine gegeben ist, in einebeliebige Anzahl gleicher Theile zu theilen.

Anm. 1. Unter einer vollen Figur verstehen wir hier, wie immer, eine Figur, deren Seitenverlängerungen ganz außerhalb der Figur liegen.

Wenn die Figuren nicht diese Eigenschaft haben; sondern ein Winkel oder mehrere an ihnen einspringend sind; so wird die Lösung der Theilungsaufgaben verwickelter.

Anm. 2. Die Verwandlungen und Theilungen der vollen Figuren sind mit Hülfe der in diesem Abschnitte durchgeführten Sätze in jedem besonderen Falle vollständig ausführbar. Oftmals lassen sich Abkürzungen der Constructionen und eigenthümliche Lösungen der Aufgaben angeben. Es soll davon hier ein Beispiel gegeben werden.

Es sei (Fig. 55.) das Fünfeck ABCDE durch Linien von F aus, deren eine FG ist, in drei gleiche Theile zu zerlegen. Man verlängere die Seiten AB über B, BC über C u. s. w. immer nach derselben Wendung des Umfanges hin. Man ziehe aus F nach den Eckpunkten die Linien FA, FB, FC, FD, FE und aus G mit FE eine Parallele, welche die verlängerte DE in e trifft, aus e mit DF eine Parallele, welche die verlängerte CD in d trifft, aus d mit FC eine Parallele, welche die verlängerte BC in c trifft, aus c mit FB eine Parallele, welche die verlängerte AB in b trifft, endlich aus b eine Parallele mit FA, welche die verlängerte EA in a trifft.

Zieht man nun Fa; so ist Dreieck FaG = ABCDE.

Zum Beweise ziehe man noch Fb, Fc, Fd, Fe; so ist

$\triangle$ FEG = FeE, FeE + FED = FeD = FdD; also FdD = FGED.

Ferner ist FdD + FCD = FCd = FcC;

also FcC = FGEDC.

Ferner ist FcC + FBC = FBc = FBb;

also FBb = FGEDCB.

Es ist sodann FBb + FBA = FbA = FaA,

also FaA = FGEDCBA.

Rechnet man zu beiden das Dreieck AFG; so ist GFa = ABCDE.

Theilt man nun Ga bei $\mathfrak{a}$ und α in drei gleiche Theile und zieht von α aus $\alpha\beta \ddagger$ ab, $\beta\gamma \ddagger$ bc, $\gamma\delta \ddagger$ cd und die Linie Fδ, ferner $\mathfrak{a}\mathfrak{b} \ddagger$ ab und die Linie F$\mathfrak{b}$; so ist das Fünfeck durch die Linien FG, Fδ und F$\mathfrak{b}$ in drei gleiche Flächenstücke zerlegt. Es ist nämlich:

$$\begin{aligned}
\text{FG}\alpha &= \tfrac{2}{3}\,\text{FGa} = \tfrac{2}{3}\,\text{ABCDE}.\\
\text{FG}\alpha &= \text{FGA} + \text{FA}\alpha = \text{FGA} + \text{FA}\beta,\\
&= \text{FGA} + \text{FAB} + \text{FB}\beta,\\
&= \text{FGAB} + \text{FB}\beta,\\
&= \text{FGAB} + \text{FB}\gamma,\\
&= \text{FGAB} + \text{FBC} + \text{FC}\gamma,\\
&= \text{FGABC} + \text{FC}\gamma,\\
&= \text{FGABC} + \text{FC}\delta,\\
&= \text{FGABC}\delta.
\end{aligned}$$

Daher ist FGABCδ = $\frac{2}{3}$ABCDE;

also ist FGEDδ = $\frac{1}{3}$ABCDE.

Ferner ist $\text{F}\mathfrak{a}\text{G} = \tfrac{1}{3}\,\text{ABCDE} = \text{FAG} + \text{FA}\mathfrak{a}$,

$$\begin{aligned}
&= \text{FAG} + \text{FA}\mathfrak{b},\\
&= \text{FGA}\mathfrak{b}.
\end{aligned}$$

Also ist FGAb = $\frac{1}{3}$ ABCDE und das Fünfeck durch die Linien FG, Fb, Fδ in drei gleiche Theile getheilt.

In ähnlicher Weise lassen sich mehrere andere hierher gehörige Aufgaben lösen.

§. 14. Aufgabe.

Eine reguläre Figur in eine ihr flächengleiche reguläre Figur von doppelter Seitenzahl zu verwandeln.

Auflösung und Beweis.

Es sei (Fig. 56.) das reguläre Fünfeck mit der Seite AB und dem Mittelpunkte C gegeben, das in ein flächengleiches von doppelter Seitenzahl verwandelt werden soll.

Man beschreibe über dem großen Halbmesser der Figur CA einen Halbkreis, der die Seite AB in D trifft, ziehe CD und schneide von CA ein Stück CE = CD ab; dann errichte man in E ein Perpendikel, welches den Halbkreis in F trifft, und beschreibe endlich mit CF einen Kreis um C, der von der verlängerten CD in G und von AC in H getroffen wird. Zieht man nun HG; so ist diese Sehne die Seite und CG der große Halbmesser der gesuchten Figur, die doppelt so viel Seiten hat als die gegebene und leicht construirt wird; wenn man HG, so oft es angeht, in den mit CG beschriebenen Kreis einträgt.

Es ist nämlich CDA = R (VIII, 15.c.); also CD der kleine Halbmesser des gegebenen Fünfecks (IX, 14.), und das rechtwinklige Dreieck CDA ist zehnmal in dem Fünfeck enthalten.

Da $CE = CD$ und $CF^2 = CE.CA = CD.CA$ ist,

so ist $CG^2 = CG.CH = CA.CD$.

Daher ist das gleichschenklige Dreieck GCH dem rechtwinkligen Dreieck CAD gleich (XII, 9.).

Folglich ist GHC auch der zehnte Theil der gegebenen Figur.

Da aber auch der Winkel HCG der zehnte Theil von vier rechten ist; so läßt sich auch HG als Sehne zehnmal in den Kreis eintragen.

Die entstandene Figur wird also ein reguläres Zehneck und dem gegebenen regulären Fünfeck an Fläche gleich sein.

Was vom Fünfeck und Zehneck gilt, ist von jeden zwei Figuren mit einfacher und doppelter Seitenzahl gültig. Der große Halbmesser der Figur von doppelter Seitenzahl und gleicher Fläche ist also immer die mittlere Proportionale zwischen dem großen und kleinen Halbmesser der gegebenen Figur.

Hieraus folgt, daß der große Halbmesser der Figur von doppelter Seitenzahl auch kleiner ist als der große Halbmesser der Figur von einfacher Seitenzahl.

Anm. Wenn man in dieser Weise, bei gleichbleibender Fläche, die Seitenzahl fortdauernd verdoppelt; so nähern sich die großen Halbmesser immer mehr und mehr der Größe des Radius eines Kreises, welcher der gegebenen Figur gleich ist.

Dies führt zu einem eigenthümlichen Verfahren, die Ludolph'sche Zahl zu berechnen.

Man nenne ein beliebig gegebenes reguläres Polygon P, den großen Halbmesser desselben r, den kleinen h.

Bei einem Polygon von doppelter Seitenzahl und gleicher Fläche seien die entsprechenden Bezeichnungen P', r', h'.

Bei einem Polygon von vierfacher Seitenzahl und gleicher Fläche wähle man P'', r'', h'' u. s. w.

Es ist zunächst, wie eben gezeigt, $r'^2 = rh$.

Nennt man Q ein Polygon, das gleichen großen Halbmesser mit P hat, aber die doppelte Seitenzahl, und zum kleinen Halbmesser x; so ist (X, 26.)

$$x^2 = \tfrac{1}{2} r (r + h).$$

Da nun P' und Q reguläre Polygone von gleicher Seitenzahl sind; so haben ihre großen und kleinen Halbmesser dasselbe Verhältniß (XIII, 6. 4.).

Es ist also $r' : h' = r : x$ also auch

$$r'^2 : h'^2 = r^2 : x^2 = r^2 : \tfrac{1}{2} r (r + h) = r^2 : \tfrac{1}{2} (r^2 + rh).$$

Da aber $rh = r'^2$; so ist

$$r'^2 : h'^2 = r^2 : \tfrac{1}{2} (r^2 + r'^2) \text{ also } h'^2 = \tfrac{1}{2} \frac{r'^2}{r^2} (r^2 + r'^2).$$

Daraus ergiebt sich $h' = r' \sqrt{\tfrac{1}{2} \frac{r^2 + r'^2}{r^2}}$.

Da nun ebenfalls für das Polygon P''

$r''^2 = r'h'$ ist, so erhalten wir

$$r''^2 = r'^2 \sqrt{\tfrac{1}{2} \frac{r^2 + r'^2}{r^2}}.$$

Dieser Ausdruck zeigt, wie sich die Quadrate der großen Halbmesser der gleichflächigen Polygone P, P', P'', P''' u. s. w. der Reihe nach berechnen lassen.

Man findet nämlich jedes dieser Quadrate, wenn man das in der Reihe letztvorangehende mit dem vorletztvorangehenden addirt, die halbe Summe durch das vorletztvorangehende dividirt, zu dem erhaltenen Quotienten die Quadratwurzel sucht und diese mit dem letztvorangehenden Halbmesserquadrate multiplicirt.

Es ist also der Reihe nach

$$r'^2 = rh, \quad r''^2 = r'^2 \sqrt{\frac{r'^2 + r^2}{2r^2}}, \quad r'''^2 = r''^2 \sqrt{\frac{r''^2 + r'^2}{2r'^2}}, \text{ u. s. w.}$$

Setzt man diese Rechnung so lange fort, bis zwei auf einander folgende Halbmesserquadraté in der siebenten Decimalstelle keinen Unterschied mehr zeigen; so hat man in dem Verhältniß des letztgefundenen Halbmesserquadrates zu dem bekannten Inhalt der Polygonfläche, von welcher man ausgegangen und die für jedes berechnete Halbmesserquadrat dieselbe geblieben ist, das Verhältniß der Einheit zur Ludolph'schen Zahl, d. h. 1 : π.

Geht man vom regulären Viereck aus, dessen großer Halbmesser 1, dessen kleiner Halbmesser $\sqrt{2}$ ist; so findet man der Reihe nach als Halbmesserquadrate:

Seitenzahl	Halbmesserquadrat	Seitenzahl	Halbmesserquadrat
4	1	256	0,6366358
8	0,6532813	512	0,6366237
16	0,6407289	1024	0,6366207
32	0,6376436	2048	0,6366200
64	0,6368756	4096	0,6366199
128	0,6366836	8192	0,6366199

Bei dem 8192 Eck ist das Quadrat des Halbmessers in der siebenten Decimalstelle noch genau eben so groß wie bei dem 4096 Eck. Es wird also fortdauernd, bis in die Zehnmilliontheile hinein, dieselbe Größe behalten; also auch dann noch, wenn die Figur in einen Kreis von gleicher Fläche übergeht. Die Fläche ist aber die des ursprünglichen in den Kreis mit dem Radius 1 eingeschriebenen Quadrates, also 2.

Daher ist $\quad 1 : \pi = 0{,}6366199 : 2.$

Daraus ergiebt sich $\quad \pi = \dfrac{2}{0{,}6366199} = 3{,}1415926.$

So wird also der schon X, 27. und XIII, 8. berechnete Werth auch auf diesem Wege gefunden.

§. 15. Schlußbemerkungen zum funfzehnten Abschnitt.

Die in diesem Abschnitte zuletzt behandelte Aufgabe gehört in das Gebiet der geometrischen Untersuchungen, welche sich auf die Wechselbeziehung zwischen Umfang und Inhalt ebener Figuren beziehen. Der Kreis ist nämlich von allen Figuren diejenige, welche den größesten Flächenraum mit ihrem Umfange einschließt.

Isoperimetrische Figuren heißen im Allgemeinen diejenigen, welche gleichen Umfang haben.

Es läßt sich darthun, daß regelmäßige Figuren, bei gleichem Umfange, einen größeren Inhalt haben als unregelmäßige, und

daß, bei gleichem Umfange, regelmäßige Figuren mit mehr Seiten größeren Inhalt haben, als solche mit weniger Seiten.

Daraus ergiebt sich, daß unter allen isoperimetrischen Figuren der Kreis den größten Inhalt hat.

Die Sätze, welche zu diesen Schlüssen führen, sind folgende.

1) Wenn zwei Seiten eines Dreiecks mit den Katheten eines rechtwinkligen Dreiecks, einzeln verglichen, übereinstimmen; aber einen schiefen Winkel einschließen; so ist das Dreieck kleiner als das rechtwinklige.

Der Beweis ist leicht aufzufinden, wenn man zwei der gleichen Seiten zu Grundlinien der Dreiecke wählt und die Höhen betrachtet. Das schiefwinklige hat die kleinere Höhe.

2) Unter allen Dreiecken von gleicher Grundlinie und Höhe hat das gleichschenklige über dieser Grundlinie den kleinsten Umfang.

Errichtet man ein gleichschenkliges Dreieck und ein ungleichseitiges über derselben Grundlinie zwischen denselben Parallelen, verlängert sodann den einen Schenkel des gleichschenkligen Dreiecks um sich selbst und verbindet den Endpunkt der Verlängerung mit der Spitze des ungleichseitigen Dreiecks; so erhält man zwei congruente Dreiecke, deren gemeinschaftliche Seite der Grundlinie parallel und durch die Spitzen der ursprünglichen Dreiecke begrenzt ist. Zu dem einen dieser Dreiecke gehört als Seite die Verlängerung des Schenkels, zu dem anderen der andere Schenkel des gleichschenkligen Dreiecks. Beide Dreiecke haben also zwei gleiche Seiten. Die von diesen Seiten eingeschlossenen Winkel sind aber gleich; weil eine Linie, die durch die Spitze eines gleichschenkligen Dreiecks parallel mit der Grundlinie gezogen ist, den Außenwinkel an der Spitze halbirt. Es sind also auch die dritten Seiten dieser congruenten Dreiecke gleich. Eine derselben gehört dem gegebenen nicht gleichschenkligen Dreieck an. Betrachtet man nun die ihr gleiche Linie in Verbindung mit der andern Seite dieses Dreiecks; so sieht man leicht an der Figur, daß beide zusammen größer sind als die beiden Schenkel des gleichschenkligen Dreiecks zusammengenommen. Wodurch der Satz bewiesen ist.

3) Wenn ein gleichschenkliges Dreieck mit einem nicht gleichschenkligen über derselben Grundlinie gleichen Umfang hat; so ist der Inhalt des ersteren größer als der des letzteren.

Verwandelt man nämlich das letztere in ein gleichschenkliges Dreieck von gleicher Fläche über derselben Grundlinie, so ist dieses von kleinerem Umfange als jedes der gegebenen. Daher muß das gegebene gleichschenklige, da es über derselben Grundlinie einen größeren Umfang hat, auch größer als das construirte, also auch größer als das gegebene sein, dem das construirte gleich ist.

4) Ein gegebenes Vieleck, das nicht gleichseitig ist, kann nicht das größeste unter allen sein, die denselben Umfang und dieselbe Seitenzahl haben.

Schneidet man nämlich durch eine Diagonale ein Dreieck ab, das zwei ungleiche Seiten der Figur enthält: so kann man über der Diagonale ein gleichschenkliges Dreieck construiren, das gleichen Umfang mit dem abgeschnittenen Dreieck, also (nach 3) eine größere Fläche hat. Setzt man dieses an die Stelle des abgeschnittenen an die Figur an; so erhält man eine Figur von eben so viel Seiten, mit demselben Umfang, die größer als die gegebene ist. Es kann diese also nicht die größeste sein.

5) Eine gleichseitige Figur von gerader Seitenzahl, ist centrisch nach den Ecken (IX, 6.), wenn sie die größeste unter allen ist, welche dieselben Seiten in derselben Anzahl haben.

Man nehme an, ein gegebenes gleichseitiges Achteck sei die größeste Figur, die von den acht Seiten desselben eingeschlossen werden kann. Theilt man dann die Figur durch eine Diagonale in zwei Fünfecke; so wird sie auch durch diese Diagonale halbirt. Denn wäre ein Theil größer als der andere; so könnte man den kleineren Theil wegnehmen und statt dessen an der Diagonale eine dem größeren congruente Figur construiren. Beide congruente Figuren machten dann zusammen ein gleichseitiges Achteck, das größer als das gegebene wäre und doch dieselben Seiten hätte. Es wäre also das gegebene nicht das größeste.

Zieht man ferner von den Endpunkten einer solchen Halbirungs-Diagonale nach irgend einem Eckpunkte der Figur zwei andere Diagonalen; so schließen diese einen rechten Winkel ein.

Wäre nämlich dieser Winkel ein schiefer, so könnte man doch die beiden Diagonalen, welche seine Schenkel sind, in einen rechten Winkel zusammenstellen und das rechtwinklige Dreieck durch eine Hypotenuse vervollständigen. Dann wäre dieses rechtwinklige Dreieck (nach 1) größer als das von den drei Diagonalen der Figur eingeschlossene schiefwinklige Dreieck, und wenn man an jeder der beiden Katheten die Figuren construirte, welche in der gegebenen Figur an ihnen anliegen, und die ganze Construction auf der andern Seite der Hypotenuse wiederholte; so erhielte man ein Achteck mit den Seiten des gegebenen, das aber einen größeren Inhalt hätte, weil die rechtwinkligen Dreiecke größer waren als die Diagonalen-Dreiecke, während die angelegten Seitenfiguren dieselben sind. Es kann also die gegebene Figur nicht die größeste bei denselben Seiten sein; wenn das so bestimmte Diagonalendreieck nicht ein rechtwinkliges ist.

Ist aber das Diagonalendreieck ein rechtwinkliges; so liegt der Eckpunkt der Hypotenuse gegenüber in der Peripherie eines Kreises, dessen Durchmesser die Halbirungsdiagonale ist.

Da dies von allen Eckpunkten in gleicher Weise gezeigt werden kann; so ist die Figur centrisch nach den Ecken, und, weil sie auch gleichseitig ist, ein reguläres Polygon.

Es folgt also hieraus, daß das gleichseitige reguläre Polygon von gerader Seitenzahl größer ist als jedes unregelmäßige gleichseitige Vieleck, das dieselben Seiten hat.

Woraus auch hervorgeht.

6) Jedes reguläre Polygon von ungerader Seitenzahl ist größer als ein unregelmäßiges, das dieselben Seiten hat.

Legt man nämlich an die Seiten des regelmäßigen Vielecks gleichschenklige Dreiecke, die es zu einem regulären Polygon von doppelter Seitenzahl ergänzen, und legt man dieselben Dreiecke an die Seiten des unregelmäßigen Polygons; so erhält man zwei Polygone von doppelter also auch gerader Seitenzahl, von denen das eine regelmäßig, das andere unregelmäßig, obwohl gleichseitig, ist. Es ist also das erstere größer als das zweite. Nimmt man nun von beiden ungleichen Figuren Gleiches, d. h. die den Seiten der ursprünglichen Figuren angefügten Dreiecke hinweg, so bleibt Ungleiches. Es ist also das regelmäßige Fünfeck größer als das unregelmäßige bei gleicher Seitenzahl und gleicher Seitengröße.

7) Wenn zwei regelmäßige Figuren gleichen Umfang haben; so ist diejenige größer, welche mehr Seiten hat.

Ist ein regelmäßiges Fünfeck und ein regelmäßiges Sechseck von gleichem Umfange gegeben; so schneide man, durch eine gerade Linie, von dem Fünfeck ein Dreieck ab, das eine ganze Seite, einen Theil der angrenzenden und diese Linie zu Seiten hat, und errichte über dieser Linie ein gleichschenkliges Dreieck, das mit dem abgeschnittenen gleichen Umfang hat. Fügt man dieses gleichschenklige Dreieck statt des abgeschnittenen an die Figur; so erhält man statt des Fünfecks ein unregelmäßiges Sechseck, das noch denselben Umfang, aber eine größere Fläche hat; weil das angesetzte Dreieck (nach 3) größer als das zuvor hinweggenommene ist. Dieses unregelmäßige Sechseck ist aber kleiner als das regelmäßige von gleichem Umfange; also ist noch viel mehr das regelmäßige Fünfeck kleiner als das regelmäßige Sechseck von gleichem Umfange.

Anm. Durch besondere Sätze läßt sich in einfacher Weise zeigen, daß das gleichseitige Dreieck das größeste Dreieck desselben Umfanges, das Quadrat das größeste Viereck gleiches Umfanges ist. Doch sind dies besondere Fälle für die hier allgemein bewiesenen Sätze.

Sechszehnter Abschnitt.

Grundzüge der Transversalentheorie.

§. 1. Erklärungen.

Wenn man innerhalb oder außerhalb einer genau bestimmten geradlinigen Figur einen Punkt annimmt, und von demselben durch genau bestimmte Punkte des Umfanges gerade Linien legt; so werden diese in ihrer unbegrenzten Ausdehnung Central- oder Mittelpunktsstrahlen genannt. Der Punkt, in dem alle Strahlen zusammentreffen, heißt Strahlenmittelpunkt. Wenn man die Seiten einer solchen Figur bis ins Unbegrenzte verlängert; so werden sie Seitenstrahlen der Figur genannt. Für beide Arten der Strahlen heißt die Figur die Bestimmungsfigur des Strahlensystems. Jede Linie, welche alle Strahlen eines solchen Systems durchschneidet, heißt Transversale.

Nach der Beschaffenheit der Bestimmungsfiguren erhalten die Strahlensysteme verschiedene Namen: Dreiecksstrahlen, Vielecksstrahlen, Parallelogrammstrahlen u. s. w. Da Parallellinien als Gerade betrachtet werden können, die sich in einem unendlich entfernten Mittelpunkte treffen; so ist auch ein beliebiges System von Parallellinien, deren Abstände gegeben sind, als ein Centralstrahlensystem zu betrachten.

Erläuterung.

Wenn man (Fig. 57.) innerhalb der Figur ABCD einen Punkt M annimmt, und die Linien MA, ME, MF, MC zieht, deren Lagen durch die Punkte des Umfanges A, E, F, C genau bestimmt sind; so sind diese vier Linien Mittelpunktsstrahlen und die übrigen Punkte des Umfanges G, H, K, L sind auch durch diese Strahlen genau bestimmt. Diese Strahlen werden durch die gerade Linie NO in den vier Punkten N, O, P, Q geschnitten. NO ist also eine Transversale zu diesen Mittelpunktsstrahlen.

Verlängert man die Seiten der Figur ABCD, so sind die Linien AB, BC, CD, DE in ihrer ganzen Ausdehnung **Seitenstrahlen**, und die Transversale NQ trifft dieselbe in den Punkten R, S. T, U.

Es ist leicht ersichtlich, daß zu jeder Bestimmungsfigur und zu denselben Punkten ihres Umfanges unzählig viel Systeme von Mittelpunktsstrahlen gehören und zu jedem Mittelpunktsstrahlensystem unzählig viel Bestimmungsfiguren gewählt werden können. Ist aber Mittelpunkt und Figur einmal fest bestimmt; so ist auch die Beziehung jeder zwei Linienabschnitte dieses Liniengebildes sowohl der Länge als auch der Richtung nach genau bestimmt.

Die Seitenstrahlen gestatten nur bestimmte Abwechselungen in der Wahl der Figuren, auf welche sie bezogen werden können. **Dreiecksstrahlen**, die nur drei Durchschnittspunkte haben, können nur durch **ein** Dreieck bestimmt werden, dessen Spitzen in den Durchschnittspunkten der Linien liegen. **Viereckstrahlen**, die als Durchschnitte von Dreiecksstrahlen mit einer Transversale betrachtet werden können, haben daher **sechs** Durchschnittspunkte, von denen je **vier**, wovon immer nur **zwei** auf derselben geraden Linie liegen, als Eckpunkte einer Bestimmungsfigur angesehen werden können.

Fünfecksstrahlen, d. h. Durchschnitte von Viereckstrahlen mit einer Transversale, haben 10 Durchschnittspunkte, von denen je fünf zu Eckpunkten der Bestimmungsfigur werden können, wenn nie mehr als zwei derselben in einer geraden Linie liegen.

Die Anzahl der möglichen Bestimmungsfiguren steigt also mit der Zahl der Strahlen.

Anm. 1. Es ist eine Aufgabe der Combinationslehre, die Anzahl der Durchschnittspunkte einer gewissen Zahl von Seitenstrahlen; so wie der Bestimmungsfiguren, aufzufinden.

Anm. 2. Die Bestimmungsfiguren sind nicht immer volle Figuren, sondern sogenannte **einfache** Figuren, welche entstehen; wenn man

1) zwischen einer Anzahl von Punkten in der Ebene, von denen immer nur zwei auf einer geraden Linie liegen, eine bestimmte Reihenfolge festsetzt und dann

2) jeden Punkt in dieser Reihenfolge mit dem nächst folgenden und den letzten mit dem ersten durch eine Gerade verbindet.

Die so begrenzten Geraden sind dann die Seiten des einfachen Vielecks.

So bilden z. B. in einem vollen Viereck zwei Gegenseiten mit den Diagonalen wieder ein einfaches Viereck. (Die Ordnung der Eckpunkte ist verändert.)

Anm. 3. Von den einfachen Vierecken oder Vierseiten unterscheidet man das **vollständige Vierseit**, d. h. eine Figur die durch **vier** Linien und alle **sechs** Durchschnittspunkte derselben bestimmt ist.

Ein solches vollständiges Vierseit entsteht aus einem unregelmäßigen vollen Viereck; wenn man die Gegenseiten desselben bis zu ihren Durchschnittspunkten verlängert, und diese Durchschnittspunkte auch als Eckpunkte der Figur betrachtet.

§ 2. Lehrsatz.

Wenn auf einer Geraden beliebige drei Punkte in beliebiger Ordnung angenommen und durch dieselben beliebige Gerade gelegt werden, wovon jede die beiden anderen in verschiedenen Punkten durchschneidet, und man betrachtet die erste durchgelegte Linie als vorhergehende für die zweite, und als nachfolgende für die dritte; so bilden die Verhältnisse der von diesen Punkten aus gerechneten Abschnitte auf jeder Linie bis zur nächstfolgenden zu den Abschnitten auf jeder Linie bis zur nächst vorhergehenden in ihrer Zusammensetzung das Verhältniß der Gleichheit.

Beweis.

Auf einer geraden Linie (Fig. 58.) seien die drei Punkte A, B, C angenommen und durch dieselben in beliebigen Richtungen gerade Linien gezogen, welche sich durchschneiden, und zwar schneide die erste Linie aus A, die zweite, d. h. die folgende aus B, in α und diese schneide die folgende, d. h. die dritte aus C, in β und diese endlich die folgende, d. h. die erste, in γ; so findet folgende Zusammensetzung der Verhältnisse dieser Abschnitte statt:

$$\left\{\begin{matrix} A\alpha : A\gamma \\ B\beta : B\alpha \\ C\gamma : C\beta \end{matrix}\right\} = 1 : 1.$$

Man ziehe aus γ, dem Durchschnittspunkte der ersten und dritten, eine Linie parallel mit der zweiten, $B\alpha$, welche die gegebene Gerade AC in D trifft; so ist

$$1)\ \triangle A\gamma D \sim A\alpha B \quad \text{und} \quad 2)\ \triangle \gamma DC \sim \beta BC;$$

also ist auch

$$A\alpha : A\gamma = B\alpha : D\gamma, \text{ wegen der ersten Aehnlichkeit,}$$
$$B\beta : B\alpha = B\beta : B\alpha,$$
$$C\gamma : C\beta = D\gamma : B\beta, \text{ wegen der zweiten Aehnlichkeit.}$$

Woraus sich die oben angegebene Zusammensetzung ergiebt.

Anm. 1. Setzt man statt der Linien $A\gamma$, $A\alpha$, $B\beta$, $B\alpha$, $C\gamma$, $C\beta$, die Zahlen, welche ihre Werthe in einem bestimmten Maaße ausdrücken; so ist das

Product der Zahlen für $A\alpha$, $B\beta$, $C\gamma$ dem Product der Zahlen für $A\gamma$, $B\alpha$, $C\beta$ gleich. Das Zeichen $A\alpha . B\beta . C\gamma = A\gamma . B\alpha . C\beta$ ist also ein abgekürzter Ausdruck für den in diesem Satze gefundenen Gleichheitswerth des zusammengesetzten Verhältnisses.

Anm. 2. Daß die Lage der Linien keinen Einfluß auf die Aehnlichkeitsschlüsse hat, erkennt man leicht an der Uebereinstimmung der Proportionen bei den verschiedenartigen Zeichnungen dieser Figur. Treffen die drei Linien in einen Punkt zusammen, so sind die drei Faktoren des einen Produkts einzeln den dreien Factoren des anderen gleich. Sind alle drei Linien parallel; so ist dies als ein Zusammentreffen in unendlicher Entfernung zu betrachten; dann sind also die einzelnen einander gleich. Sind zwei parallel, z. B. die erste und dritte Linie; so liegt der Punkt γ in unendlicher Ferne. Es ist also dann $A\gamma = C\gamma$, und mithin $A\alpha . B\beta = B\alpha . C\beta$, was aus der Aehnlichkeit der Dreiecke $BA\alpha$ und $BC\beta$ für diesen Fall sich leicht ergiebt.

Anm. 3. Man pflegt, wie wir schon früher (VII, 5. Anm. 2.) angedeutet haben, später genauer entwickeln werden, Linien, die eine entgegengesetzte Lage haben, als negative und positive zu unterscheiden, und ihren Zahlenwerthen auch die entsprechenden Zeichen zu geben. Liegen nun, wie in der zweiten Zeichnung, die Durchschnittspunkte α, β, γ auf verschiedenen Seiten der Linie AC; so kann man die Linienabschnitte nach der einen Seite hin als positiv, nach der anderen hin als negativ betrachten, z. B. $A\gamma$, $B\beta$, $C\beta$, $C\gamma$ als positiv und $A\alpha$, $B\alpha$ als negativ. Es wären dann die beiden Produkte

$$(-A\alpha).(+B\beta).(+C\gamma) = (+A\gamma).(-B\alpha).(+C\beta)$$

auch in den Zeichen übereinstimmend. Dieser Hauptlehrsatz der Transversalentheorie hat also ganz allgemeine Gültigkeit.

§. 3. Lehrsatz.

Wenn durch drei Punkte einer Ebene gerade Linien, die sich gegenseitig durchschneiden, gelegt sind, und die Verhältnisse der Abschnitte auf jeder Linie bis zur nächst folgenden zu den Abschnitten bis zur nächst vorhergehenden, zusammengesetzt, ein Verhältniß der Gleichheit bilden; so liegen die drei Punkte in gerader Linie.

Beweis.

Wenn von den drei Punkten A, B, C (Fig. 59.) Linien ausgehen, die sich gegenseitig in den Punkten α, β, γ durchschneiden und es ist

$$\left\{\begin{matrix} A\alpha : A\gamma \\ B\beta : B\alpha \\ C\gamma : C\beta \end{matrix}\right\} = 1 : 1, \text{ oder } A\alpha . B\beta . C\gamma = A\gamma . B\alpha . C\beta;$$

so liegen die Punkte A, B, C auf einer geraden Linie.

Läge C nicht auf der Verlängerung von AB; so verlängert man $\beta\gamma$, bis diese Linie die Verlängerung von AB in G trifft. Dann ist

$$\left\{\begin{matrix} A\alpha : A\gamma \\ B\beta : B\alpha \\ G\gamma : G\beta \end{matrix}\right\} = 1 : 1 = \left\{\begin{matrix} A\alpha : A\gamma \\ B\beta : B\alpha \\ C\gamma : C\beta \end{matrix}\right\}.$$

Bringt man die Glieder der ersten beiden Verhältnisse der hierdurch bestimmten zusammengesetzten Proportion auf die andere Seite des Gleichheitszeichens (XI, 23.), und vollendet die Zusammensetzung, so erhält man die Proportion

$G\gamma : G\beta = C\gamma : C\beta$, und daraus

$G\beta - G\gamma : G\beta = C\beta - C\gamma : C\beta$; das ist aber

$\beta\gamma : C\gamma = \beta\gamma : C\beta$; oder endlich

$C\gamma = C\beta$; was unmöglich ist. Es muß also die Verlängerung von AB durch C gehen.

Anm. Dieser Satz ist die Umkehrung des vorigen und vermehrt die geometrischen Hülfsmittel, zu erkennen, ob drei Punkte in einer geraden Linie liegen. Eins dieser Hülfsmittel bietet schon §. 16. des 3. Abschnitts dar.

Da in den hier bewiesenen Sätzen die Linien, auf welchen die in Proportion gestellten Abschnitte liegen, Dreiecksstrahlen sind, und diejenige Linie, welche die Ausgangspunkte dieser Abschnitte enthält, eine Transversale derselben; so dient zur Abkürzung dieser Beziehung die Bezeichnung:

A, B, C transversal $\alpha\beta\gamma$.

Dies bedeutet: die Punkte A, B, C liegen auf der Transversale, welche die unbegrenzt verlängerten Seiten des Dreiecks $\alpha\beta\gamma$ durchschneidet.

§. 4. Lehrsatz.

Wenn durch mehrere Punkte einer geraden Linie Linien gelegt sind, welche sich gegenseitig durchschneiden, und ihre Aufeinanderfolge beliebig festgesetzt ist; so sind die Verhältnisse der Abschnitte auf jeder Linie bis zur nächstfolgenden zu den Abschnitten auf jeder Linie bis zur nächstvorhergehenden, zusammengesetzt, im Verhältnisse der Gleichheit.

Beweis.

Seien zunächst (Fig. 60.) die vier Punkte A, B, C, D, in dieser Ordnung aufgefaßt, auf einer geraden Linie gegeben, durch welche die vier Linien gehen, welche die Seitenstrahlen des Vierecks $\alpha\beta\gamma\delta$ sind, so sollen die Verhältnisse

$$A\alpha : A\delta,\quad B\beta : B\alpha,\quad C\gamma : C\beta,\quad D\delta : D\gamma$$

zusammengesetzt ein Verhältniß der Gleichheit geben. Man ziehe in der Bestimmungsfigur die Diagonale $\gamma\alpha$, welche verlängert CD in E schneidet; so ist

1) wegen A, E, D, transv. $\alpha\gamma\delta$, 2) wegen C, E, B transv. $\gamma\alpha\beta$

$$\left\{\begin{matrix} A\alpha : A\delta \\ E\gamma : E\alpha \\ D\delta : D\gamma \end{matrix}\right\} = 1 : 1 \qquad \left\{\begin{matrix} C\gamma : C\beta \\ E\alpha : E\gamma \\ B\beta : B\alpha \end{matrix}\right\} = 1 : 1$$

Setzt man diese sechs Verhältnisse zusammen, so fallen die Glieder $E\gamma$ und $E\alpha$ aus, und man erhält das oben angegebene Verhältniß der Gleichheit, das sich auch so schreiben läßt:

$$A\alpha . B\beta . C\gamma . D\delta = A\delta . B\alpha . C\beta . D\gamma.$$

Hat man fünf Punkte in einer geraden, durch welche fünf Linien gehen, die sich gegenseitig durchschneiden; so sind dies die Seitenstrahlen eines Fünfecks. Zieht man in diesem zwei Diagonalen; so kann man in derselben Weise aus dem Satze von den Dreieckstransversalen die Richtigkeit des Lehrsatzes ableiten.

Es ist leicht einzusehen, daß auch eine Umkehrung dieses Lehrsatzes möglich ist, welche in ähnlicher Weise ausgedrückt wird, wie §. 3. mit der Voraussetzung, daß alle Punkte bis auf einen schon in gerader Linie liegen.

§. 5. Erklärungen.

Wenn auf einem Seitenstrahl eines Dreiecks außer den Eckpunkten, die als **Hauptpunkte** angesehen werden, noch ein Punkt angenommen wird, entweder zwischen beiden Hauptpunkten oder außerhalb derselben; so heißt dieser ein **Nebenpunkt** auf dem Strahl.

Wenn auf allen drei Seitenstrahlen eines Dreiecks Nebenpunkte angenommen werden; so entstehen zwischen diesen und den Hauptpunkten **sechs Abschnitte der Strahlen**.

Zählt man diese Abschnitte so, daß man jeden Endpunkt eines Abschnitts als Anfangspunkt des nächstfolgenden betrachtet, so kann man unter ihnen drei Abschnitte **gerader Anzahl** und drei Abschnitte ungerader Anzahl unterscheiden, und je drei derselben **Wechselabschnitte** nennen.

Hat man in dieser Weise drei Wechselabschnitte bezeichnet; so können die anderen drei Abschnitte, welche der Reihenfolge nach zwischen ihnen liegen, die **Zwischenabschnitte** genannt werden.

Erläuterung.

Diese für den Wortausdruck vieler Sätze nöthigen Begriffsbestimmungen sind an Fig. 61. leicht aufzufassen.

Es sind α, β, γ die Hauptpunkte der Dreiecksstrahlen aa′, bb′, cc′. Als Nebenpunkt auf aa′ ist A angenommen. Dadurch entstehen auf diesem Strahl die Abschnitte βA und Aγ.

Ist ebenso auf bb′ der Nebenpunkt B, auf cc′ der Nebenpunkt C angenommen; so erhält man der Reihe nach die sechs Abschnitte

$$\beta A,\ A\gamma,\ \gamma B,\ B\alpha,\ \alpha C,\ C\beta.$$

Darunter sind Wechselabschnitte

$$\beta A,\ \gamma B,\ \alpha C;$$

mit den Zwischenabschnitten

$$A\gamma,\ B\alpha,\ C\beta.$$

Gleichviel, ob, wie in der ersten Zeichnung, die Nebenpunkte zwischen den Hauptpunkten liegen: oder anders, wie in der zweiten Zeichnung.

§. 6. Lehrsatz.

Wenn die Hauptpunkte der Seitenstrahlen eines Dreiecks auf drei Mittelpunktsstrahlen liegen; so liegen auch drei Nebenpunkte derselben auf diesen Mittelpunktsstrahlen, und die Zusammensetzung der Verhältnisse zwischen den einzelnen drei Wechselabschnitten zu ihren Zwischenabschnitten ist das Verhältniß der Gleichheit.

Beweis.

Auf den drei Strahlen aMa′, bMb′, cMc′ (Fig. 62.), die ihren Mittelpunkt in M haben, liegen die drei Punkte α auf aMa′, β auf bMb′, γ auf cMc′, der Seitenstrahl $\alpha\beta$ wird durch cc′ in C getroffen, und es entstehen die Abschnitte Cα, Cβ. Eben so entstehen auf dem Seitenstrahl $\gamma\beta$ die Abschnitte Aβ, Aγ und auf $\alpha\gamma$ die Abschnitte Bγ, Bα.

Es sollen die drei Verhältnisse $C\alpha : C\beta$, $A\beta : A\gamma$, $B\gamma : B\alpha$ das Verhältniß der Gleichheit geben. Es ist nämlich

1) αMA transv. $C\gamma\beta$, 2) $BM\beta$ transv. $\gamma C\alpha$.

$$\left\{\begin{matrix}\alpha C : \alpha\beta \\ M\gamma : MC \\ A\beta : A\gamma\end{matrix}\right\} = 1 : 1 \qquad \left\{\begin{matrix}B\gamma : B\alpha \\ MC : M\gamma \\ \beta\alpha : \beta C\end{matrix}\right\} = 1 : 1$$

Die Zusammensetzung dieser beiden zusammengesetzten Proportionen ergiebt das eben angegebene Verhältniß der Gleichheit.

Die Vergleichung der Figuren zeigt, daß der Beweis alle Fälle einschließt, der Strahlenmittelpunkt M möge innerhalb oder außerhalb des Dreiecks liegen.

Ist in dem letzteren Falle ein Mittelpunktsstrahl einer Dreiecksseite parallel (z. B. $\beta M \ddagger \gamma\alpha$); so liegt der durch ihn bestimmte Punkt (B) in unendlicher Ferne. Ein Verhältniß der Zusammensetzung ($B\gamma : B\alpha$) geht dadurch für sich allein in das Verhältniß der Gleichheit über; so daß nun die Zusammensetzung der andern beiden ($C\alpha : C\beta$ und $A\beta : A\gamma$) das Verhältniß der Gleichheit giebt.

Sind zwei Mittelpunktsstrahlen den Seiten des Dreiecks parallel ($\beta M \ddagger \gamma\alpha$, $\alpha M \ddagger \gamma\beta$); so geht noch eins der gegebenen Verhältnisse in Gleichheit über ($A\beta : A\gamma$) und es bleibt das dritte allein als Gleichheit über ($C\alpha = C\beta$).

Liegt der Mittelpunkt der Strahlen in einer Dreiecksseite; so wird diese dadurch Seitenstrahl und Mittelpunktsstrahl zugleich (z. B. $\alpha\beta$; wenn M in C fällt). Dadurch verschwinden zwei Glieder in der Zusammensetzung jener Verhältnisse ($B\alpha = 0$, $B\beta = 0$). Diese Glieder dürfen aber in der Zusammensetzung nicht als gleich angenommen werden. Vielmehr geht aus der Zusammensetzung hervor, welches Verhältniß diese in Nichts übergehenden Linien haben; wenn man sie als unendlich kleine Abschnitte der Strahlen betrachtet.

§. 7. Lehrsatz.

Wenn auf den Seitenstrahlen eines Dreiecks Nebenpunkte eine solche Lage haben, daß die drei Verhältnisse der einzelnen Wechselabschnitte zu den entsprechenden Zwischenabschnitten, zusammengesetzt, das Verhältniß der Gleichheit geben; so schneiden sich die Geraden, welche diese Nebenpunkte mit den gegenüberliegenden Hauptpunkten verbinden, in einem Punkte, sind also für diesen Punkt drei Mittelpunktsstrahlen.

Beweis.

Auf den Seitenstrahlen des Dreiecks $\alpha\beta\gamma$ (Fig. 63.) seien die Nebenpunkte A, B, C so bestimmt, daß

$$\left\{\begin{matrix} A\gamma : \gamma B \\ B\alpha : \alpha C \\ C\beta : \beta A \end{matrix}\right\} = 1 : 1.$$

Es sollen die Geraden $A\alpha$, $C\gamma$, $B\beta$ in einen Punkt zusammentreffen.

$C\gamma$ und $B\beta$ treffen in dem Punkte M zusammen, durch diesen soll auch $A\alpha$ gehen.

Wäre dies nicht; so würde $M\alpha$ die Seite $\beta\gamma$ nicht in A; sondern in einem andern Punkte, etwa in P, durchschneiden. Dann wäre

$$\left\{\begin{matrix} \gamma B : B\alpha \\ \alpha C : C\beta \\ \beta P : P\gamma \end{matrix}\right\} = 1 : 1.$$

Die Zusammensetzung dieser Verhältnisse mit den oben aufgestellten ergiebt

$$\left\{\begin{matrix} A\gamma : \beta A \\ \beta P : P\gamma \end{matrix}\right\} = 1 : 1; \text{ d. i. } A\gamma : P\gamma = \beta A : \beta P.$$

In dem ersten Verhältniß dieser Proportion ist das zweite Glied größer als das erste ($P\gamma > A\gamma$), in dem zweiten Verhältniß ist das zweite Glied kleiner als das erste ($\beta P < \beta A$). Dies ist unmöglich. Es kann also $M\alpha$ nicht anders als durch A gehen, d. h. die drei Linien $A\alpha$, $B\beta$, $C\gamma$ schneiden sich in dem einen Punkte M.

Anm. Dieser Satz bietet in vielen Fällen ein sehr einfaches Hülfsmittel, zu untersuchen, ob gerade Linien, die unter einem bestimmten Gesetz stehen, in einem Punkt zusammentreffen. Der folgende §. behandelt einige Fälle dieser Art.

§. 8. Zusatz.

Aus den vorigen Sätzen werden die folgenden sehr leicht abgeleitet.

1. Die äußeren Aehnlichkeitspunkte je zweier von drei gegebenen Kreisen liegen in gerader Linie.

Sind (Fig. 64.) A, B, C die Mittelpunkte dreier Kreise, deren Radien die Längen a, b, c haben;

ist D äußerer Aehnlichkeitspunkt für A und B,
E für A und C, F für B und C;

so ist (XIII, 11.):

$$\begin{matrix} AD : DB = a : b \\ CE : EA = c : a \\ BF : FC = b : c; \end{matrix} \quad \text{also} \quad \left\{\begin{matrix} AD : DB \\ CE : EA \\ BF : FC \end{matrix}\right\} = 1 : 1.$$

Daher sind F, E, D in gerader Linie (§. 7.).

Für die inneren Aehnlichkeitspunkte gilt derselbe Satz und derselbe Beweis.

2. Gerade Linien, von den Spitzen eines Dreiecks nach den Mitten der Gegenseiten gezogen, treffen in einen Punkt zusammen und theilen sich gegenseitig so, daß zwei Drittheile einer jeden zwischen diesem Punkt und der Spitze, ein Drittheil zwischen diesem Punkt und der Gegenseite liegt.

Ist (Fig. 65.) $BD = DC,\ CE = EA,\ AF = FB$;
so ist auch

$$\begin{array}{l} BD : DC = 1 : 1 \\ CE : EA = 1 : 1 \\ AF : FB = 1 : 1 \end{array} \quad \text{also} \quad \left\{\begin{array}{l} BD : DC \\ CE : EA \\ AF : FB \end{array}\right\} = 1 : 1.$$

Die Linien DA, CF, EB treffen also in einem Punkt zusammen (§. 7.). Dieser sei M.

Dann ist BDC transv. MAE;

$$\left\{\begin{array}{l} BM : BE \\ DA : DM \\ CE : CA \end{array}\right\} = 1 : 1 \quad \text{also} \quad BM : BE = \left\{\begin{array}{l} CA : CE \\ DM : DA \end{array}\right\}.$$

Nun ist aber $CA = 2CE$; also $BM : BE = 2DM : DA$,
Aehnlich folgt (BDC transv. MAF u. s. w.) $CM : CF = 2DM : DA$.
Folglich ist $BM : BE = CM : CF$.
Aehnlich ist $BM : BE = AM : AD$,
also auch $AM : AD = 2DM : AD$,
daher $AM = 2DM$. Was zu beweisen war.

3. Die Halbirungslinien der drei Winkel eines Dreiecks treffen in einen Punkt zusammen.

Ist (Fig. 66.) Winkel $BAD = CAD,\ ABE = CBE,\ ACF = BCF$;
so ist $\triangle BAD : DAC = BD : DC$ (XII, 8.): aber auch
$\triangle BAD : DAC = BA.AD : CA.CD$ (XII, 9.)

$$\begin{array}{ll} \text{also} & BD : CD = AB : CA \\ \text{eben so} & CE : AE = CB : BA \\ \text{und} & AF : FB = AC : CB \end{array} \quad \text{daher} \quad \left\{\begin{array}{l} BD : CD \\ CE : AE \\ AF : FB \end{array}\right\} = 1 : 1.$$

Es treffen daher die drei Linien AD, BE, CF in einen Punkt zusammen.

4. Die drei Höhenperpendikel eines Dreiecks treffen in einen Punkt zusammen.

Ist (Fig. 67.) Winkel ADB = BEC = CFA = R;

so ist △ ABD ∼ BFC, CAF ∼ BAE, ACD ∼ BCE;

$$\begin{array}{lll} \text{also} & BD : BF = BA : BC & \\ \text{eben so} & AF : AE = AC : AB & \text{d. i.} \left\{\begin{array}{l} DB : BF \\ FA : AE \\ EC : CD \end{array}\right\} = 1 : 1. \\ \text{und} & CE : CD = BC : AC & \end{array}$$

Die Linien AD, BE, CF durchschneiden sich also in einem Punkt.

5. Die geraden Linien, welche die Berührungspunkte des in ein Dreieck eingeschriebenen Kreises auf den Seiten mit den Spitzen der Gegenwinkel verbinden, schneiden sich in einem Punkte.

Der Satz ergiebt sich leicht aus Betrachtung von VIII, 22. Zusatz und §. 8. dieses Abschnitts.

6. Wenn ein Kreis eine Seite eines Dreiecks und die Verlängerungen der anderen berührt; so treffen die von den Berührungspunkten auf den Seiten nach den Spitzen der Gegenwinkel gezogenen Linien in einen Punkt zusammen.

Es gehört dieser Satz zur Verallgemeinerung des vorigen und wird eben so bewiesen.

7. Wenn von drei Kreisen jeder eine Seite eines Dreiecks und die Verlängerungen der beiden andern berührt; so treffen die von den Berührungspunkten der Seiten nach den Spitzen der Gegenwinkel gezogenen Linien in einen Punkt zusammen.

Beim Vergleichen der Wechselabschnitte, die an den Dreiecksseiten entstehen, wird man sich der Sätze über die Seitenergänzung (XIV, 8.) zu erinnern haben. Sind nämlich (Fig. 65.) E, D, F diese Berührungspunkte; so ist:

$$AE = s - AB,\quad CE = s - BC,\quad CD = s - AC$$

$$DB = s - AB,\quad BF = s - BC,\quad FA = s - AC,$$

$$\text{daher} \left\{\begin{array}{l} AE : EC \\ CD : DB \\ BF : FA \end{array}\right\} = \left\{\begin{array}{l} AE : DB \\ CD : FA \\ BF : EC \end{array}\right\} = 1 : 1,$$

woraus die Richtigkeit des Satzes folgt.

8. Wenn man von einem Dreieck durch eine Linie, die einer Seite parallel ist, ein Trapez abschneidet und die Spitze des Gegenwinkels dieser Seite mit dem Durchschnittspunkt der

Diagonalen des Trapezes durch eine Gerade verbindet, so halbirt diese Gerade beide Parallelseiten des Trapezes.

Ist (Fig. 68.) im Dreieck ABC die Linie DE‡BC; schneiden sich die Diagonalen BE und DC in F, und trifft sich die Linie AF mit BC in G, mit DE in H; so ist AD : DB = AE : EC (XII, 1.).

Nun ist auch (§. 6.)

$$\begin{Bmatrix} AD : DB \\ BG : GC \\ CE : EA \end{Bmatrix} = 1 : 1 \quad \text{d. h.} \quad \begin{Bmatrix} AE : EC \\ BG : GC \\ CE : EA \end{Bmatrix} = 1 : 1.$$

Die letzte Zusammensetzung giebt aber

$$BG : GC = 1 : 1; \quad \text{also } BG = GC.$$

Woraus leicht folgt, daß auch DH = HE ist.

9. Die Fußpunkte der drei Perpendikel, welche von einem Punkte der Peripherie eines Kreises auf die Seiten eines eingeschriebenen Dreiecks gefällt sind, liegen in gerader Linie.

Ist ABC (Fig. 69.) ein in einen Kreis eingeschriebenes Dreieck, liegt der Punkt O in der Peripherie des Kreises, sind Oc, Ob, Oa Perpendikel auf AB, AC, CB; so ist abc eine gerade Linie.

Zieht man die Sehnen OA, OB, OC; so ist

1)	△ OAc ∼ OaC		cA : Ca = Oc : Oa
2)	△ OBc ∼ ObC	also	bC : Bc = Ob : Oc
3)	△ bAO ∼ aBO		aB : Ab = Oa : Ob

Die Zusammensetzung der drei Proportionen ergiebt

$$\begin{Bmatrix} aB : aC \\ bC : bA \\ cA : cB \end{Bmatrix} = 1 : 1; \quad \text{also a, b, c transv. ABC.}$$

Es ist also abc eine gerade Linie.

Eine unmittelbare Folgerung hieraus ist der Satz:

10. Die Durchschnittspunkte dreier Kreise, deren Durchmesser Sehnen eines Kreises sind und von demselben Peripheriepunkte ausgehen, liegen in gerader Linie.

§. 9. Erklärung.

Wenn zu denselben Mittelpunktsstrahlen mehrere Systeme von Umfangsstrahlen gleicher Seitenzahl gehören, deren Hauptpunkte auf den Mittelpunktsstrahlen liegen; so werden diese Systeme von Umfangsstrahlen **homolog** genannt, und die von ihnen eingeschlossenen Figuren heißen auch **homolog**; so wie auch die einzelnen Strahlen, deren Hauptpunkte auf denselben Mittelpunktsstrahlen liegen, **homologe** Strahlen genannt werden.

Figuren, welche einen **Aehnlichkeitspunkt** haben (XIII, 11.), werden homologe Figuren sein. Der Aehnlichkeitspunkt selbst ist dann der homologe Mittelpunkt für dieselben. In Fig. 29. sind die Fünfecke ABCDE, $\alpha\beta\gamma\delta\varepsilon$, abcde homolog. Sie würden aber auch homolog sein; wenn die Seiten (z. B. AB, ab, $\alpha\beta$) nicht parallel wären, sobald nur die Endpunkte derselben in den Strahlen FA, FB, FC, FD, FE lägen.

§. 10. Lehrsatz.

Wenn die Hauptpunkte zweier Systeme von Dreiecksstrahlen auf denselben drei Mittelpunktsstrahlen liegen; so sind die drei Durchschnittspunkte je zweier homologen Seitenstrahlen in einer geraden Linie.

Beweis.

Wenn drei Mittelpunktsstrahlen $M\alpha$, $M\beta$, $M\gamma$ (Fig. 70.) in M zusammentreffen und auf $M\alpha$ die Punkte α, a, auf $M\beta$ die Punkte β, b, auf $M\gamma$ die Punkte γ, c angenommen sind; so sind die Linien ab und $\alpha\beta$, eben so bc und $\beta\gamma$, wie auch ca und $\gamma\alpha$ homologe Seitenstrahlen zweier Dreiecksumfänge. Die Durchschnittspunkte C (für die Strahlen ab und $\alpha\beta$), A (für bc und bγ), B (für ca und $\gamma\alpha$) sind in gerader Linie.

Es ist nämlich

1) A, c, b transv. $\gamma M\beta$, 2) C, b, a transv. $\beta M\alpha$, 3) B, a, c transv. $M\alpha\gamma$.

$$\begin{Bmatrix} A\gamma : A\beta \\ cM : c\gamma \\ b\beta : bM \end{Bmatrix} = 1 : 1 \qquad \begin{Bmatrix} C\beta : C\alpha \\ bM : b\beta \\ a\alpha : aM \end{Bmatrix} = 1 : 1 \qquad \begin{Bmatrix} B\alpha : B\gamma \\ aM : a\alpha \\ c\gamma : cM \end{Bmatrix} = 1 : 1.$$

Bei der Zusammensetzung aller dieser Verhältnisse fallen so viel Glieder aus, daß nur die drei ersten zurückbleiben. Man hat also

$$\begin{Bmatrix} A\gamma : A\beta \\ C\beta : C\alpha \\ B\alpha : B\gamma \end{Bmatrix} = 1 : 1 \quad \text{also: A, C, B transv. } \alpha\beta\gamma.$$

Es ist also ACB eine gerade Linie.

Anm. 1. Wie mannigfach auch die Punkte der Lage nach angenommen werden: es wird sich jederzeit, sobald überhaupt nur drei Durchschnittspunkte vorhanden sind, der Beweis in derselben Weise führen lassen. Sind aber einzelne oder alle homologen Strahlenpaare parallel, so liegen ihre Durchschnitte in unendlicher Entfernung.

Anm. 2. Um bei der großen Menge von Linien und Punkten, die in dieser Beweisführung und in ähnlichen zur Betrachtung gelangen, eine klare Anschauung der Figur zu behalten, ist die hier gewählte Bezeichnung sehr nützlich. Man erkennt nämlich gleich an der Aufstellung unmittelbar die Bezeichnung der Transversalen, indem der Anfangsbuchstabe jedes Linienzeichens den Transversalpunkt, der Endbuchstabe den Eckpunkt des Dreiecks angiebt. Es müssen also die Anfangsbuchstaben der Vorderglieder auch als Anfangsbuchstaben der Hinterglieder in den drei zusammengestellten Verhältnissen vorkommen, und eben so die Endbuchstaben.

Anm. 3. Man nennt die Gerade A, B, C auch die homologe Axe für die beiden homologen Dreiecke.

Anm 4. Als ein besonderer Fall dieses Lehrsatzes ist folgender Satz anzusehen:

Wenn man durch die Winkelspitzen eines Dreiecks und einen beliebig gewählten Punkt gerade Linien zieht, und die dadurch auf den Seiten bestimmten Durchschnittspunkte als Eckpunkte eines neuen Dreiecks betrachtet; so durchschneiden sich die Seiten dieses Dreiecks mit den Seiten des gegebenen in drei Punkten, die in gerader Linie liegen.

Anm. 5. Wenn die homologen Dreiecke zugleich ähnlich sind; so sind ihre Seitendurchschnitte in unendlicher Entfernung.

§. 11. Lehrsatz.

In homologen Dreiecken ist die Zusammensetzung des Verhältnisses zwischen den Abständen zweier homologen Hauptpunkte von der homologen Axe und des umgekehrten Verhältnisses ihrer Abstände von dem homologen Mittelpunkte, bei jeden zwei homologen Punkten gleich.

Beweis.

In Figur 70. ist für den Punkt α, Cα der Abstand von der homologen Axe AB, Mα der Abstand vom homologen Mittelpunkt M, eben so sind für a, β, b die Axenabstände Ca, Cβ, Cb;

die Mittelpunktsabstände Ma, Mβ, Mb.

Es sollen die Zusammensetzungen

$$\left\{\begin{matrix} C\alpha : Ca \\ Ma : M\alpha \end{matrix}\right\} \text{ und } \left\{\begin{matrix} C\beta : Cb \\ Mb : M\beta \end{matrix}\right\} \text{ constante Verhältnisse sein.}$$

Man nenne a' den Punkt, wo die Axe vom Strahl aα getroffen wird, b' denselben Punkt für den Strahl bβ.

Dann ist:

C, a, b transv. αMβ, C, β, α transv. bMa.

$$\left\{\begin{matrix} C\alpha : C\beta \\ aM : a\alpha \\ b\beta : bM \end{matrix}\right\} = 1 : 1 \qquad \left\{\begin{matrix} Cb : Ca \\ \beta M : \beta b \\ \alpha a : \alpha M \end{matrix}\right\} = 1 : 1.$$

Durch Zusammensetzung dieser Verhältnisse ergiebt sich

$$\left\{\begin{matrix} C\alpha : Ca \\ Ma : M\alpha \end{matrix}\right\} = \left\{\begin{matrix} C\beta : Cb \\ Mb : M\beta \end{matrix}\right\}.$$

Auf dieselbe Weise würde sich der Beweis für die homologen Punkte führen lassen, deren Strahlen in A oder in B zusammentreffen. Auch für αMa' und bMb'.

§. 12. Lehrsatz.

Wenn Linien, von drei Punkten der homologen Axe zweier homologen Dreiecke durch die Eckpunkte eines dieser Dreiecke gelegt, in einen Punkt zusammentreffen; so treffen auch die von denselben drei Axenpunkten durch die Eckpunkte des andern homologen Dreiecks gelegten in einen Punkt zusammen, und beide Treffungspunkte liegen mit dem homologen Mittelpunkt in gerader Linie.

Beweis.

Es seien (Fig. 71.) die auf den homologen Mittelpunkt M bezüglichen homologen Dreiecke abc und αβγ gegeben, die homologe Axe sei AC, in dieser treffen

ab und αβ in C, ac und αγ in B, bc und βγ in A.

Es seien drei andere Punkte auf dieser Axe A', B', C' so gewählt, daß die Linien A'a, B'b, C'c in denselben Punkt P zusammentreffen. Es soll gezeigt werden:

1) daß auch die Linien A'α, B'β, C'γ in einen Punkt zusammenfallen, und

2) daß, wenn dieser Punkt P' ist, die drei Punkte M, P, P', auf einer geraden Linie liegen.

Man hat

1) PcC' transv. bAB', 2) $P'\alpha A'$ transv. $\beta CB'$, 3) $A'aP$ transv. CbB',

$$\left\{\begin{matrix} Pb : PB' \\ cA : cb \\ C'B' : C'A \end{matrix}\right\} = 1 : 1 \qquad \left\{\begin{matrix} P'\beta : P'B' \\ \alpha C : \alpha\beta \\ A'B' : A'C \end{matrix}\right\} = 1 : 1 \qquad \left\{\begin{matrix} A'C : A'B' \\ ab : aC \\ PB' : Pb \end{matrix}\right\} = 1 : 1$$

4) Bca transv. AbC, 5) $\alpha\gamma B$ transv. βAC.

$$\left\{\begin{matrix} BA : BC \\ cb : cA \\ aC : ab \end{matrix}\right\} = 1 : 1 \qquad \left.\begin{matrix} \alpha\beta : \alpha C \\ \gamma A : \gamma\beta \\ BC : BA \end{matrix}\right\} = 1.$$

Die Annahme der zweiten Transversale $P'\alpha A'$ setzt voraus, daß P' auf dem Durchschnitt von $B'\beta$ und $A'\alpha$ liegt. Es ist zu zeigen, daß auch $C'\gamma'$ durch P' geht. Dies ergiebt sich aus Zusammensetzung der aufgestellten 15 Verhältnisse. Man erhält:

$$\left\{\begin{matrix} C'B' : C'A \\ P'\beta : P'B' \\ \gamma A : \gamma\beta \end{matrix}\right\} = 1 : 1 \quad \text{also } C'P'\gamma \text{ transv. } B'\beta A.$$

Da also $C'P'\gamma'$ eine gerade Linie ist; so ist der erste Theil des Satzes erwiesen.

Zum Beweise des zweiten Theils führen die Vergleichungen

1) PbB' transv. aCA', 2) $B'\beta P'$ transv. $C\alpha A'$, 3) βbM transv. $Ca\alpha$.

$$\left\{\begin{matrix} Pa : PA' \\ bC : ba \\ B'A' : B'C \end{matrix}\right\} = 1 : 1 \qquad \left\{\begin{matrix} B'C : B'A' \\ \beta\alpha : \beta C \\ P'A' : P'\alpha \end{matrix}\right\} = 1 : 1 \qquad \left\{\begin{matrix} \beta C : \beta\alpha \\ ba : bC \\ M\alpha : Ma \end{matrix}\right\} = 1 : 1.$$

Setzt man diese Verhältnisse zusammen; so erhält man

$$\left\{\begin{matrix} Pa : PA' \\ P'A' : P'\alpha \\ M\alpha : Ma \end{matrix}\right\} = 1 : 1 \quad \text{also } PP'M \text{ transv. } A'\alpha a.$$

Es ist also auch MPP' eine gerade Linie.

§. 13. Schlußbemerkungen zum sechzehnten Abschnitt.

1. Die Sätze dieses Abschnitts enthalten nur einige Grundzüge der Transversalentheorie, die in neuerer Zeit sehr bedeutende Erweiterungen erfahren hat.

Wie sehr sich viele Beweise durch dieselbe abkürzen, soll hier noch an einem Beispiel gezeigt werden.

Am Ende des 14. Abschnitts ist durch vielfältige Anwendung der Sätze von den Peripheriewinkeln, von Neben- und Gegenwinkeln der Satz (XIV, 10. 7.) bewiesen:

Die Verlängerungen der Gegenseiten des **Kreissehnensechsecks** schneiden sich in drei Punkten, die in gerader Linie liegen.

Durch Anwendung der Transversalentheorie erhält man folgende viel einfachere Beweisführung.

Es sei in (Fig. 72. wie in Fig. 40.) ABCDEF das Kreissehnensechseck, dessen Gegenseiten sich in den Punkten GHJ schneiden.

Man verlängere drei Seiten, die nicht zusammenstoßen, AB, CD, FE bis zu ihren Durchschnitten R, P, Q und betrachte die anderen drei Seiten AF, DE, BC als Transversalen zum Dreieck RPQ. Dann ist

1) AFJ transv. QPR, 2) EDG transv. PRQ, 3) HCB transv. PRQ.

$$\left\{\begin{matrix} AQ : AR \\ FP : FQ \\ JR : JP \end{matrix}\right\} = 1 : 1 \qquad \left\{\begin{matrix} EP : EQ \\ DR : DP \\ GQ : GR \end{matrix}\right\} = 1 : 1 \qquad \left\{\begin{matrix} HP : HQ \\ CR : CP \\ BQ : BR \end{matrix}\right\} = 1 : 1.$$

Es ist aber auch (nach XIV, 2.)

4) $PD : PE = PF : PC$, 5) $QF : QA = QB : QE$, 6) $RB : RC = RD : RA$.

Setzt man alle diese Verhältnisse zusammen, so erhält man

$$\left\{\begin{matrix} JR : JP \\ GQ : GR \\ HP : HQ \end{matrix}\right\} = 1 : 1; \quad \text{also: JGH transv. RQP.}$$

Es ist also JGH eine gerade Linie.

Der Vorzug dieser Beweisführung vor der Seite 60 gegebenen springt in die Augen.

2. Wenn man die Seiten und Diagonalen des beliebig gewählten Vierecks ABCD (Fig. 73.) als Strahlen betrachtet und eine Transversale hindurchlegt; so werden auf dieser 6 Punkte bestimmt, 1) a auf AB, 2) α auf DC, 3) b auf BC, 4) β auf AD, 5) c auf BD, 6) γ auf AC. Durchschneiden sich nun die Gegenseiten AB und CD in E und sieht man auf die Dreiecksstrahlen $a\alpha E$; so ergeben sich folgende zusammengesetzte Verhältnisse der Gleichheit:

1) $AD\beta$ transv. $E\alpha a$ 2) BCb transv. $E\alpha a$

$$\left\{\begin{matrix} AE : Aa \\ D\alpha : DE \\ \beta a : \beta\alpha \end{matrix}\right\} = 1 : 1 \qquad \left\{\begin{matrix} BE : Ba \\ C\alpha : CE \\ ba : b\alpha \end{matrix}\right\} = 1 : 1$$

3) cDB transv. αEa 4) γCA transv. αEa

$$\left\{\begin{matrix} c\alpha : ca \\ DE : D\alpha \\ Ba : BE \end{matrix}\right\} = 1 : 1 \qquad \left\{\begin{matrix} \gamma\alpha : \gamma a \\ CE : C\alpha \\ Aa : AE \end{matrix}\right\} = 1 : 1.$$

Aus der Zusammensetzung dieser Verhältnisse ergiebt sich die zusammengesetzte Proportion:

$$\begin{Bmatrix} ab : a\beta \\ ac : a\gamma \end{Bmatrix} = \begin{Bmatrix} \alpha b : \alpha\beta \\ \alpha c : \alpha\gamma \end{Bmatrix}.$$

Diese Beziehung der durch 6 Punkte einer geraden Linie bestimmten Abschnitte derselben hat in der neueren Geometrie den Namen der Involution erhalten.

Sechs Punkte einer geraden Linie sind in Involution, wenn zwei derselben als Anfangspunkte, die andern vier in derselben Reihenfolge als Endpunkte von je vier Abschnitten betrachtet werden können, und die beiden Verhältnisse der vier Abschnitte des ersten Anfangspunktes in der Zusammensetzung den beiden Verhältnissen der vier Abschnitte des zweiten gleich sind.

Die wichtigen Folgerungen, welche aus diesen Proportionen gezogen werden, sind Gegenstand der tiefer eindringenden Transversalentheorie, aus welcher hier noch folgender Satz herausgehoben wird.

3. Es sei um das Dreieck ABC (Fig. 74.) ein Kreis beschrieben, an A eine Tangente gelegt, welche die verlängerte BC in D trifft. Durch die Seiten des Dreiecks und den Kreis gehe die Transversale, welche den Strahl BA in a, den Strahl BC in b, den Strahl AD in β, den Strahl AC in α trifft, und die Kreislinie schneidet zwischen β und α in γ, und auch in c.

Dann hat man

1) aAB transv. βDb

$$\begin{Bmatrix} a\beta : ab \\ AD : A\beta \\ Bb : BD \end{Bmatrix} = 1 : 1$$

2) CαA transv. bβD

$$\begin{Bmatrix} Cb : CD \\ \alpha\beta : \alpha b \\ AD : A\beta \end{Bmatrix} = 1 : 1.$$

Ferner ist nach den Eigenschaften des Kreises

3) $$\begin{Bmatrix} BD : AD \\ DC : AD \end{Bmatrix} = 1 : 1$$

4) $$Bb.bC = \gamma b.bc$$
$$A\beta^2 = \gamma\beta.\beta c.$$

Setzt man die Verhältnisse 1, 2, 3 mit Berücksichtigung der gleichen Werthe in 4 zusammen; so erhält man

$$\begin{Bmatrix} ba : bc \\ b\alpha : b\gamma \end{Bmatrix} = \begin{Bmatrix} \beta a : \beta c \\ \beta\alpha : \beta\gamma \end{Bmatrix}.$$

Es sind also die Durchschnitte der Dreiecksseiten mit den Durchschnitten des Kreises und der Tangente in Involution.

Siebenzehnter Abschnitt.

Von den Doppelverhältnissen der Abschnitte einer geraden Linie und den zugehörigen Bestimmungsstrahlen überhaupt und von den harmonischen Strahlen besonders.

§. 1. Lehrsatz.

Wenn die Lage zweier Hauptpunkte auf einer geraden Linie bekannt ist; so ist die Lage jedes Zwischenpunktes auf derselben durch das Verhältniß seiner Abstände von den Hauptpunkten genau bestimmt. Dasselbe gilt auch von der Lage jedes Außenpunktes auf der Linie.

Beweis.

Wenn auf der Linie AB (Fig. 75.) die beiden Punkte A und B genau bekannt sind, so ist die Lage des Zwischenpunktes C auch genau bestimmt; sobald das Verhältniß AC : CB gegeben ist.

Es kann kein anderer Zwischenpunkt E dasselbe Verhältniß der Abstände haben. Hat nämlich E dasselbe Verhältniß der Abstände von A und B; so ist

$$AC : CB = AE : EB,$$

d. h. $AC + CB : AC = AE + EB : AE$;

also $AB : AC = AB : AE$, d. h. $AC = AE$.

Der Punkt E fällt also mit dem Punkte C zusammen.

Ebenso ist auch die Lage des Außenpunktes D genau durch das Verhältniß seiner Abstände AD : DB gegeben.

Denn hat ein anderer Punkt F dasselbe Verhältniß; so ist

$$AD : DB = AF : FB;$$

also $AD - DB : AD = AF - FB : AF$,

d. h. $AB : AD = AB : AF$, d. h. $AF = AD$.

Der Punkt F fällt also mit dem Punkte D zusammen.

§. 2. Erklärungen.

Die Zusammensetzung des Verhältnisses der Lage eines Nebenpunktes mit dem umgekehrten Verhältniß der Lage eines andern Nebenpunktes heißt das **Wechselverhältniß** der Lage beider **Nebenpunkte** zu beiden **Hauptpunkten**.

Wenn das Verhältniß der Lage eines Zwischenpunktes mit dem Verhältniß der Lage eines Außenpunktes übereinstimmt; also das Wechselverhältniß der Lage der Nebenpunkte zu den Hauptpunkten das Verhältniß der Gleichheit ist; so heißen die vier Punkte **harmonische Punkte** und werden auch als **harmonische Hauptpunkte** und **Nebenpunkte** unterschieden.

Erläuterung.

Wenn man auf der Linie AB außer den Hauptpunkten A und B noch die Nebenpunkte C und D betrachtet; so ist

$$\left.\begin{matrix} AC : CB \\ BD : DA \end{matrix}\right\}$$ das Wechselverhältniß der Lage für C und D.

Eben so ist

$$\left.\begin{matrix} AC : CB \\ BE : EA \end{matrix}\right\}$$ das Wechselverhältniß der Lage für C und E.

Desgleichen.

$$\left.\begin{matrix} AD : DB \\ BF : FA \end{matrix}\right\}$$ das Wechselverhältniß der Lage für D und F.

Wenn ferner $AC : CB = AD : DB$; so ist auch

$$\left.\begin{matrix} AC : CB \\ BD : DA \end{matrix}\right\} = 1 : 1$$ und die vier Punkte A, B, C, D sind **harmonische Punkte**, A und B **harmonische Hauptpunkte**, C und D **harmonische Nebenpunkte**, C **harmonischer Zwischenpunkt**, D **harmonischer Außenpunkt**.

Anm. 1. Wenn das Wechselverhältniß für die Lage der Punkte A, C, B, D durch die Zusammensetzung der Verhältnisse AC : CB und BD : DA aufgefaßt wird; so ist es dem Verhältnisse zweier Rechtecke gleich (AC.BD : CB.DA). Im Vordergliede steht das Rechteck des **ersten** und **dritten** Theils der Linie, im Hintergliede das Rechteck des zweiten **Theiles** und der **ganzen** Linie.

Eine Linie wird also harmonisch getheilt sein; wenn das Rechteck der ganzen Linie und des mittleren Abschnitts, dem Rechteck unter den beiden äußeren Abschnitten gleich ist (CB.AD = AC.BD).

Anm. 2. Wenn die vier Punkte A, C, B, D harmonische Punkte sind; so ist

$$AC : CB = AD : DB, \text{ also auch}$$

$$AC : AB - AC = AD : AD - AB.$$

Es kommen in der zweiten Proportion nur die drei Größen AC, AB, AD in Betracht. Von diesen verhält sich die erste (AC) zur Differenz der zweiten und ersten (AB — AC), wie die dritte (AD) zur Differenz der dritten und zweiten (AD — AB).

Eine solche Proportion hat den Namen einer harmonischen erhalten, und das zweite Glied heißt in Bezug auf die beiden andern das harmonische Mittel derselben. Eine Reihe von Größen, in welcher jede das harmonische Mittel zwischen der vorhergehenden und der folgenden ist, heißt harmonische Reihe.

Sind nämlich a, b, c drei Größen in harmonischer Proportion; so ist

$$a : b - a = c : c - b; \text{ also}$$

$$ac - ab = bc - ac, \text{ d. h. } 2ac = b(a + c).$$

$$\text{Daraus folgt } b = \frac{2ac}{a + c}.$$

Das harmonische Mittel zweier gleichartiger Größen (a und b) wird also gefunden; wenn man das doppelte Produkt beider Größen durch die Summe derselben dividirt.

Die Physik lehrt, daß die Längen klingender Saiten, die bei gleicher Spannung und Schwere, der Reihe nach, die natürlichen Töne hervorbringen, sich verhalten wie die Zahlen $1, \frac{1}{2}, \frac{1}{3}, \frac{1}{4}, \frac{1}{5}$ u. s. w. Es war natürlich, daß die alten Mathematiker, welche sich mit der Untersuchung der Saitentöne beschäftigten, diese Reihe eine harmonische nannten.

Nun hat aber diese Zahlenreihe die Eigenschaft, daß jedes Glied derselben das harmonische Mittel zwischen dem vorhergehenden und folgenden ist.

Setzt man nämlich $a = \frac{1}{n}$, $c = \frac{1}{n+2}$; so ist

$$b = \frac{2\frac{1}{n(n+2)}}{\frac{1}{n} + \frac{1}{n+2}} = \frac{1}{n+1}$$

Sehr viele Benennungen in der Geometrie, wie der Name dieser Wissenschaft selbst, zeigen die natürlich gebotene Veranlassung zu der mathematischen Forschung; so ist denn auch der Name: harmonische Theilung, harmonische Proportion u. s. w. für dieses Gebiet aus musikalischen Untersuchungen entstanden.

§. 3. Lehrsatz.

Wenn zwei Strahlen eines Centralstrahlensystems als Hauptstrahlen bekannt sind; so ist die Lage jedes concentrischen Zwischenstrahles durch das Verhältniß gegeben, welches die Abstände seiner Punkte von den Hauptstrahlen zu einander haben. Dasselbe gilt von der Lage jedes concentrischen Außenstrahls.

Beweis.

Sind (Fig. 76.) $M\alpha$, $M\beta$ zwei gleich lange Hauptstrahlen und ist $M\gamma$ ein concentrischer Zwischenstrahl und zugleich $\alpha\beta\gamma$ eine Transversale; so ist die Lage des Strahls $M\gamma$ zwischen $M\alpha$ und $M\beta$ durch die Lage des Punktes γ zwischen α und β genau bestimmt; die Lage von γ ist aber durch das Verhältniß $\alpha\gamma : \gamma\beta$ genau bestimmt.

Zieht man nun die Perpendikel $\gamma\alpha'$ auf $M\alpha$ und $\gamma\beta'$ auf $M\beta$;

so ist Winkel $\alpha'\alpha\gamma = \beta'\beta\gamma$ (IV, 8, a.), $\gamma\alpha'\alpha = \gamma\beta'\beta$;

also $\triangle\, \alpha\alpha'\gamma \sim \beta\beta'\gamma$; mithin $\gamma\alpha' : \gamma\beta' = \gamma\alpha : \gamma\beta$.

Das Verhältniß der Lage von $M\gamma$ gegen $M\alpha$ und $M\beta$ ist also durch das Verhältniß der Abstände des Punktes γ von diesen beiden Strahlen genau bestimmt. Für jeden andern Punkt auf $M\gamma$, z. B. für c, findet aber dasselbe Verhältniß der Abstände ca : cb statt.

Es ist nämlich ca $\ddagger \gamma\alpha'$ und cb $\ddagger \gamma\beta'$; also

$\triangle\, \alpha'\gamma M \sim acM$ und $\gamma\beta' M \sim cbM$; daher

$$ca : \gamma\alpha' = cM : \gamma M$$

$$\gamma\beta' : cb = \gamma M : cM$$

$$\gamma\alpha' : \gamma\beta' = \gamma\alpha' : \gamma\beta'$$

durch Zusammensetzung $\quad ca : cb = \gamma\alpha' : \gamma\beta'$.

Zum Beweise des Satzes für einen Außenstrahl $M\gamma$ dient die zweite Zeichnung der Figur, auf welche sich dieselben Schlüsse anwenden lassen, indem Winkel $\gamma\beta\beta' = M\beta\alpha = M\alpha\beta$ ist u. s. w.

Anm. 1. Wenn zwei Hauptstrahlen und zwei concentrische Nebenstrahlen gegeben sind; so heißt die Zusammensetzung des Verhältnisses der Lage für einen Nebenstrahl mit dem umgekehrten Verhältniß der Lage für den andern Nebenstrahl auch hier das Wechselverhältniß der Lage für die Nebenstrahlen, und wenn das Verhältniß der Lage für einen Zwischenstrahl dem Verhältniß der Lage für einen Außenstrahl gleich, das Wechselverhältniß also das der Gleichheit ist; so nennt man die Strahlen harmonische Hauptstrahlen und Nebenstrahlen.

Anm. 2. In der Trigonometrie werden Linien wie $\gamma\alpha'$, $\gamma\beta'$ als Sinuslinien für die zugehörigen Winkel $\alpha M\gamma$, $\beta M\gamma$ bezeichnet. Das Verhältniß der Lage einer Linie gegen zwei andere stimmt also mit dem Verhältniß der Sinus der Winkel überein, welche die Linie mit jenen beiden einschließt.

§. 4. Lehrsatz.

Wenn zwei centrale Hauptstrahlen mit zwei concentrischen Nebenstrahlen von einer Transversale durchschnitten werden; so ist das Wechselverhältniß für die Lage der entstandenen Durchschnittspunkte dem Wechselverhältniß für die Lage der Strahlen gleich.

Beweis.

Wenn (Fig. 77.) die centralen Hauptstrahlen MA und MB mit den Nebenstrahlen MC und MD von der Transversale ACBD geschnitten werden; so ziehe man die Perpendikel Ca und Dα auf MA, Cb und Dβ auf MB;

$$\text{Dann ist } \triangle AaC \sim A\alpha D \text{ und } BbC \sim B\beta D.$$

Daraus ergeben sich die Proportionen:

$$AC : AD = Ca : D\alpha$$
$$BD : BC = D\beta : Cb$$

deren Zusammensetzung auch geschrieben werden kann:

$$\left\{\begin{matrix} AC : CB \\ BD : DA \end{matrix}\right\} = \left\{\begin{matrix} Ca : Cb \\ D\beta : D\alpha \end{matrix}\right\}.$$

Diese Zusammensetzung ist der Ausdruck für die Gleichheit der oben erwähnten Wechselverhältnisse.

§. 5. Lehrsatz.

Wenn vier Centralstrahlen von verschiedenen Transversalen durchschnitten werden; so haben die auf jeder dieser Geraden entstehenden Durchschnittspunkte dasselbe Wechselverhältniß

der Lage. Eben so, wenn durch vier Punkte einer geraden Linie Strahlen nach beliebigen Centralpunkten gerichtet sind; so haben die Strahlen an jedem Centralpunkte dasselbe Wechselverhältniß der Lage.

Beweis.

Wenn (Fig. 78.) die 4 Centralstrahlen MA, MB, MC, MD auf der Transversale AD die Punkte A, B, C, D, auf ad die Punkte a, b, c, d, auf $\alpha\delta$ die Punkte α, β, γ, δ bestimmen; so ist

$$\begin{Bmatrix} AB : BC \\ CD : DA \end{Bmatrix} = \begin{Bmatrix} \alpha\beta : \beta\gamma \\ \gamma\delta : \delta\alpha \end{Bmatrix} = \begin{Bmatrix} ab : bc \\ cd : da \end{Bmatrix}.$$

Sieht man nämlich MA, MC als Hauptstrahlen, MB, MD als Nebenstrahlen, und die auf den Hauptstrahlen liegenden Punkte als Hauptpunkte, die andern als Nebenpunkte an; so ist jedes der genannten zusammengesetzten Verhältnisse dem Wechselverhältniß für die Lage der Nebenstrahlen zu den Hauptstrahlen gleich; da dies aber bei demselben Strahlensystem unveränderlich ist; so sind auch jene zusammengesetzten Verhältnisse sämmtlich gleich.

Wenn ferner von den vier auf der Geraden AD liegenden Punkten (Fig. 79.) A, B, C, D nach verschiedenen Mittelpunkten M und M' Strahlen gelegt sind; und man sieht die durch A und C gehenden Strahlen als Hauptstrahlen an; so ist sowohl das Wechselverhältniß für die Lage der Strahlen MB, MD gegen MA, MC als auch das Wechselverhältniß für die Lage der Strahlen M'B, M'D gegen M'A M'C dem Wechselverhältniß für die Lage der Punkte B, D gegen A, C gleich. Letzteres ist aber die Zusammensetzung

$$\begin{Bmatrix} AB : BC \\ CD : DA \end{Bmatrix}$$

also unveränderlich; so lange die Punkte A, B, C, D dieselben bleiben; folglich sind auch die Wechselverhältnisse für die Lage der Strahlen um M und M' einander gleich.

Anm. Da vier Parallellinien als Centralstrahlen mit unendlich entferntem Strahlenmittelpunkt angesehen werden können; so gilt dieser Satz auch für Parallellinien, die durch vier Punkte einer Geraden gehen.

Er läßt sich dann in Betreff der Durchschnittspunkte auf den Transversalen auch sehr leicht aus den Schlußbemerkungen zum zwölften Abschnitt (XII, 11. 2.) herleiten.

In Bezug auf die Verhältnisse für die Lage der Strahlen folgt er eben so leicht mit Anwendung des Satzes über die Abstände der Parallelen (V, 11. Zus.).

§. 6. Lehrsatz.

Wenn zwei Centralstrahlen Diagonalen eines Parallelogramms sind, und die andern beiden durch die Mitten der Gegenseiten gehen; so sind es harmonische Strahlen und zu jedem System harmonischer Strahlen läßt sich ein Parallelogramm finden, dessen Winkelspitzen und Seitenmitten auf denselben liegen.

Beweis.

Von den vier Centralstrahlen um M (Fig. 80.) seien MA, MB die Diagonalen eines Parallelogramms und MC, MD gehen durch die Seitenmitten.

Sieht man nun MA und MB als Hauptstrahlen, MC und MD als Nebenstrahlen an, und zieht die zur Bestimmung des Verhältnisses der Lage erforderlichen Perpendikel $C\alpha$, $C\beta$ und $D\alpha'$, $D\beta'$; so folgt sehr leicht

aus der Congruenz der Dreiecke $M\alpha C$ und $a\alpha' D$, daß $C\alpha = D\alpha'$;

eben so aus der Congruenz der Dreiecke $M\beta C$ und $B\beta' D$ daß $C\beta = D\beta'$.

Es ist also:

$$C\alpha : C\beta = D\alpha' : D\beta', \text{ oder } \begin{Bmatrix} C\alpha & : C\beta \\ D\beta' & : D\alpha' \end{Bmatrix} = 1 : 1.$$

Die Strahlen MA, MB, MC, MD sind also harmonisch.

Sind ferner (Fig. 81.) die harmonischen Strahlen $M\alpha$, $M\beta$, $M\gamma$, $M\delta$ gegeben; so nehme man auf $M\gamma$, dem Zwischenstrahl zwischen $M\alpha$ und $M\beta$, den Punkt C an, ziehe $CP \ddagger \alpha M$, und schneide auf dem Strahl $M\beta$ ein Stück $PB = MP$ ab, und ziehe die Gerade BC, welche den Strahl $M\alpha$ in A trifft.

Macht man nun $MB' = MB$, $MA' = MA$, und zieht AB', $B'A'$ und $A'B$;

so ist $\triangle B'MA' \cong BMA$ (SWS),

also $B'A' = BA$ und Winkel $A'B'M = ABM$.

Daher auch $A'B' \ddagger AB$ und $ABA'B'$ ein Parallelogramm.

Da aber $CP \ddagger AM$, so ist $AC : CB = MP : PB$;

folglich, weil $MP = PB$; so ist auch $AC = CB$.

Die Strahlen $M\alpha$, $M\beta$ sind also Diagonalstrahlen des Parallelogramms und der Strahl $M\gamma$ halbirt die eine Seite.

Ist nun Q die Mitte der Seite BA'; so sind $M\alpha$, $M\beta$, $M\gamma$, MQ harmonische Strahlen; da es aber zu drei gegebenen Strahlen nur eine vierte harmonische geben kann, und diese nach der Annahme $M\delta$ ist; so liegt auch Q auf $M\delta$.

Da $M\delta \ddagger AB$ und $M\gamma \ddagger BA'$ ist; so ergiebt sich folgender

Zusatz.

Jeder harmonische Nebenstrahl halbirt die gerade Linie, welche dem anderen Nebenstrahl parallel und von beiden Hauptstrahlen begrenzt ist, und jede Linie, welche einer durch zwei Hauptstrahlen begrenzten und durch den Nebenstrahl halbirten Linie parallel durch den Centralpunkt geht, ist der vierte harmonische Strahl zu jenen dreien.

Anm. Wenn man in dem Parallelogramm (Fig. 81.) die Mitten der Seiten durch gerade Linien verbindet; so erhält man ein anderes Parallelogramm, in welchem die Seiten durch die Diagonalen des erstern halbirt werden und die Halbirungslinien der Gegenseiten des ersteren durch die Winkelspitzen gehen.

Dies läßt sich sehr einfach zeigen und daraus zugleich einsehen, daß man unter vier harmonischen Strahlen beliebige zwei, zwischen denen eine dritte liegt, als Hauptstrahlen und die anderen beiden als Nebenstrahlen betrachten kann.

§. 7. Aufgabe.

Zu drei harmonischen Punkten auf einer Geraden den vierten zu finden.

Auflösung und Beweis.

Sind (Fig. 82.) auf der Geraden AB die harmonischen Hauptpunkte A, B und der Zwischenpunkt C gegeben, zu welchem der Außenpunkt gefunden werden soll; so wähle man einen beliebigen Punkt M, lege durch ihn die Strahlen MA, MC, MB; ziehe aus C parallel mit MA eine Linie, welche MB in P schneidet; nehme auf dieser $PS = MP$, ziehe die Gerade SC, welche MA in R trifft, und aus M eine Linie parallel mit RS. Wenn diese die Verlängerung von AB in D trifft; so ist D der gesuchte vierte harmonische Punkt.

Es ist leicht einzusehen, daß $SC = CR$ ist, und da MD ‡ RS ist, so ist nach dem Zusatz des vorigen §. auch MD der vierte harmonische Strahl.

Nun ist das Wechselverhältniß der Lage für die Nebenstrahlen MC, MD gegen die Hauptstrahlen MA, MB, das Verhältniß der Gleichheit; also ist auch (nach §. 4.)

$$\left.\begin{matrix} AC : CB \\ BD : DA \end{matrix}\right\} = 1 : 1, \text{ oder } AC : CB = AD : DB.$$

A, B, C, D sind also harmonische Punkte.

Anm. 1. Fällt RS auf AB; so ist MD ‡ AD; der harmonische Außenpunkt liegt dann in unendlicher Ferne und CS = CB, CR = CA; also CA = CB. Der harmonische Zwischenpunkt liegt also in der Mitte zwischen beiden harmonischen Hauptpunkten.

Anm. 2. Der Punkt in der Mitte zwischen den beiden Hauptpunkten (A und B) hat überhaupt für die harmonische Proportion eine Bedeutung. Benennt man ihn mit T; so hat man (nach §. 2. Anm. 1) die Proportion

$$TD + AT : TD - AT = TA + TC : TA - TC \text{ und daraus}$$

$$TD : TA = TA : TC.$$

Der Abstand des Mittelpunktes von den beiden Hauptpunkten ist also die mittlere Proportionale der Abstände desselben von den beiden Nebenpunkten. Es läßt sich also jede harmonische Proportion (XVII, 2.) von einer stätigen Proportion (XI, 19.) ableiten.

§. 8. Lehrsatz.

Wenn in einem unregelmäßigen Viereck die Gegenseiten bis zum Durchschnitt verlängert und in dem dadurch entstandenen vollständigen Vierseit alle drei Diagonalen gezogen werden; so sind die äußere Diagonale und zwei der verlängerten Gegenseiten drei harmonische Strahlen, zu denen die Verbindungslinie ihres Strahlenmittelpunktes mit dem Durchschnitt der inneren Diagonalen als vierter gehört.

Beweis.

Sind in dem unregelmäßigen Viereck ABCD (Fig. 83.) die Gegenseiten AB, DC bis E und AD, BC bis F verlängert, in dem dadurch entstandenen vollständigen Vierseit die Diagonalen EF, AC, BD gezogen, wovon sich die beiden letzteren, die inneren, im Punkt G treffen; ist ferner durch den Punkt G die Gerade EG gelegt, welche die Vierecksseiten AD in H, BC in K trifft; so sind EF, ED, EH, EA harmonische Strahlen.

Man ziehe auch noch die Linie FG, welche CD in L und AB in M trifft; dann ist,

wenn man die Strahlen GF, GD, GH, GA berücksichtigt,

$$\text{(nach §. 5.)} \begin{Bmatrix} FD : DH \\ HA : AF \end{Bmatrix} = \begin{Bmatrix} FB : BK \\ KC : CF \end{Bmatrix}.$$

Berücksichtigt man die Strahlen EF, ED, EH, EA;

so ist nach §. 5. $\begin{Bmatrix} FD : DH \\ HA : AF \end{Bmatrix} = \begin{Bmatrix} FC : CK \\ KB : BF \end{Bmatrix}$.

Nun ist auch $\begin{matrix} DH : FD = DH : FD \\ AF : AH = AF : HA. \end{matrix}$

Durch Zusammensetzung aller dieser Proportionen findet man

$$\begin{Bmatrix} FD : DH \\ HA : AF \end{Bmatrix} = \begin{Bmatrix} DH : FD \\ AF : HA \end{Bmatrix}.$$

Das zweite Verhältniß ist die Umkehrung des ersten. Wenn aber ein Verhältniß seiner Umkehrung gleich ist; so kann es nur das Verhältniß der Gleichheit sein. Es ist also

$$\begin{Bmatrix} FD : DH \\ HA : AF \end{Bmatrix} = 1 : 1 \quad \text{d. h. } FD : DH = AF : AH.$$

Die Punkte F, D, H, A sind also harmonische Punkte; folglich auch die Linien EF, ED, EH, EA harmonische Strahlen.

In derselben Weise läßt sich zeigen, daß FE, FB, FM, FA harmonische Strahlen sind.

Anm. 1. Ist DC ‡ BA; so liegt E in unendlicher Ferne; also ist auch EF und EH parallel mit der Seite CD und BA. Es ergiebt sich daher der Satz:

Wenn man von einem Dreieck ein Paralleltrapez abschneidet, durch den Durchschnitt der Diagonalen desselben und durch die Spitze Parallellinien mit den Parallelseiten des Trapezes zieht; so sind die vier erhaltenen Parallellinien harmonische Strahlen.

Die harmonische Proportion FD : DH = FA : AH läßt sich auch leicht aus der Transversalentheorie ableiten; so wie, daß der vierte harmonische Strahl zu FE, FB, FA, nämlich FM, in diesem Falle; wo EF ‡ CD ‡ BA ist, die Linie CD und BA in L und M halbirt.

Anm. 2. Eine wichtige Folgerung dieses Lehrsatzes ist folgender:

Wenn die Schenkel eines Winkels von mehreren parallelen oder in einen Punkt convergirenden Linien durchschnitten und in jedem so entstandenen Viereck die Diagonalen gezogen werden; so liegen die Durchschnittspunkte derselben sämmtlich mit dem Scheitelpunkte des Winkels auf derselben geraden Linie.

Werden nämlich die Schenkel des Winkels BAC (Fig. 84.) von den Linien DF, DH, und auch von den Linien DL, DN geschnitten; und sowohl in dem Viereck EGHF, als auch in dem Viereck KMNL die Diagonalen gezogen; welche sich in O und in P durchschneiden; so ist AOP eine einzige gerade Linie.

Denn es ist, wegen des vollständigen Vierecks EGHFAD, die Linie AO der vierte harmonische Strahl zu AD, AB, AC.

Eben so ist, wegen des vollständigen Vierecks KMNLAD, auch AP der vierte harmonische Strahl zu denselben Strahlen AD, AB, AC.

Da aber zu denselben drei genau bestimmten harmonischen Strahlen nur ein vierter gehört; so ist AO und AP derselbe Strahl.

Daß derselbe Beweis auch anwendbar ist; wenn die Linien EF, GH, KL, MN parallel sind; ist leicht einzusehen.

Anm. 3. Es läßt sich auch mittelst der harmonischen Strahlen leicht folgende Aufgabe lösen.

Von einer Linie nach der Reihe die Hälfte, das Drittheil, das Viertheil u. s. w. kurz alle genauen Theile zu finden.

Soll dies mit der Geraden AB (Fig. 85.) geschehen; so wähle man außerhalb derselben den Punkt C, ziehe BC und AC, und damit parallel DE:

dann die Diagonalen AD und BE, welche sich in F schneiden, und die Linie CF, welche, wie schon gezeigt ist, AB in a halbirt.

Es ist also $Aa = \frac{1}{2} AB.$

Darauf zieht man Ea, welche die Diagonale DA in G trifft, und CG, welche BA in b trifft.

Es sind nun an dem vollständigen Vierseit FEaABC die Strahlen CB, Ca, Cb, CA harmonisch; also ist

$$AB : Ba = Ab : ba;$$

$$\text{da nun } AB = 2Ba; \text{ so ist auch } Ab = 2ba$$

$$\text{also } Ab = \tfrac{2}{3} Aa = \tfrac{1}{3} AB.$$

Zieht man ferner Eb, welche Linie die Diagonale DA in H trifft; und durch H die Linie CH, welche BA in c trifft; so sind an dem Vierseit GEAbaC die Strahlen Ca, Cb, Cc, CA harmonisch; also ist

$$Aa : ab = Ac : cb;$$

$$\text{da aber } Aa = 3ab; \text{ so ist auch } Ac = 3cb,$$

$$\text{also } Ac = \tfrac{3}{4} Ab = \tfrac{1}{4} AB.$$

Zieht man nun Ec, wodurch AD in K geschnitten wird und CK, wodurch AB in d getroffen wird; so sind an dem Vierseit HEAcbC die Linien Cb, Cc, Cd, CA harmonische Strahlen; also

$$Ab : bc = Ad : dc;$$

$$\text{weil aber } Ab = 4bc; \text{ so ist auch } Ad = 4dc;$$

$$\text{also } Ad = \tfrac{4}{5} Ac = \tfrac{1}{5} AB.$$

Wie das Verfahren und die Beweisführung fortzusetzen sind, ist nun leicht zu erkennen, wie auch, daß AB, Aa, Ab, Ac etc. eine harmonische Reihe bilden.

§. 9. Lehrsatz.

Wenn durch vier harmonische Punkte verschiedene Strahlensysteme so gelegt sind, daß in jedem der Zwischenstrahl den Winkel der Hauptstrahlen halbirt; so liegen die Mittelpunkte dieser Strahlensysteme in einem Kreise, der den Abstand der harmonischen Nebenpunkte zum Durchmesser hat.

Beweis.

Wenn M (Fig. 86.) ein Mittelpunkt eines Strahlensystems ist und der Winkel der Hauptstrahlen MA, BM ist durch den Zwischenstrahl MC halbirt; so können die Strahlen MA, MC, MB, MD nur dann harmonische sein, wenn auch MD den Nebenwinkel A'MB halbirt.

Da nämlich die Lage von MC gegen MA und MB gleich ist; so muß auch die Lage von MD gegen MA' und MB gleich sein.

Weil nun CMB und DMB die Hälften zweier Nebenwinkel sind; so ist die Summe derselben, d. i. CMD ein rechter Winkel. M liegt also in einem Halbkreise, der CD zum Durchmesser hat (VIII, 15. c.).

Dasselbe gilt für jeden andern Punkt M', dessen Strahlen M'A, M'B durch den Strahl M'C halbirt werden. Der zu den drei Strahlen gehörige vierte harmonische Strahl wird ebenfalls auf M'C rechtwinklig stehen und wird nirgend anders als in D treffen können. Die Mittelpunkte solcher Strahlensysteme liegen also in einem Kreise.

Anm. Es ist oben (XVI, 8, 3.) beiläufig gezeigt worden, daß eine Linie, welche den Winkel an der Spitze eines Dreiecks halbirt, die Grundlinie im Verhältniß der beiden Seiten theilt. Daher ist

$$AM : MB = AC : CB \text{ und auch}$$

$$AM' : M'B = AC : CB.$$

Es ist daher $AM : MB = AM' : M'B.$

Es haben also alle Dreiecke über der Grundlinie AB, deren Seiten dasselbe Verhältniß haben, ihre Spitzen in der Peripherie des Kreises CMM'D. Dieser Satz wird in der Geometrie gewöhnlich so ausgesprochen:

Der geometrische Ort für die Spitzen sämmtlicher Dreiecke über derselben Grundlinie, deren Seiten ein constantes Verhältniß haben, ist ein Kreis.

Man findet den Durchmesser dieses Kreises, wenn man auf der Theilungslinie eines Winkels in einem der Dreiecke, in der Dreiecksspitze ein Perpendikel errichtet und verlängert, bis es die verlängerte Grundlinie des Dreiecks trifft.

§. 10. Lehrsatz.

Wenn man um den Abstand zweier harmonischer Nebenpunkte, als Durchmesser, einen Kreis beschreibt und in dem inneren Hauptpunkte ein Perpendikel auf diesem Durchmesser errichtet; so werden alle von dem äußeren Hauptpunkte durch den Kreis gelegte Geraden durch die Peripherie und dieses Perpendikel harmonisch getheilt.

Beweis.

Es seien (Fig. 87.) A, B harmonische Hauptpunkte C, D harmonische Nebenpunkte. Es sei um CD, als Durchmesser, ein Kreis beschrieben und in B auf CD das Perpendikel BE errichtet, ferner durch A eine Linie gelegt, die von der Peripherie in γ und δ, vom Perpendikel in β getroffen wird; so sind A, γ, β, δ harmonische Punkte. Man ziehe $C\gamma$ und $D\delta$, die sich in F treffen, ferner AF und die Linien $C\delta$ und $D\gamma$, die sich in G schneiden.

Weil nun $C\delta$ auf DF und $D\gamma$ auf CF perpendiculär stehen (VIII, 15. c.); so muß ein aus F auf CD errichtetes Perpendikel durch G gehen (XVI, 8, 4.).

Es bilden aber (nach §. 8.) die Linien FA, FC, FG, FD harmonische Strahlen an dem Viereck $C\gamma\delta DAF$, von denen drei durch die harmonischen Punkte A, C, D gehen; daher muß auch der vierte FG durch den vierten harmonischen Punkt B gehen.

Die verlängerte FG trifft also nach B, und steht hier winkelrechtauf CD. Es sind also die Punkte G, E, F auf dem Perpendikel in B.

Auf diesem Perpendikel liegt auch β; also sind auch die von diesen harmonischen Strahlen aus F getroffenen Punkte A, γ, β, δ harmonische Punkte (§. 5.).

Anm. 1. Da dies in gleicher Weise für alle Linien gilt, die durch A gelegt werden; so ergiebt sich leicht der durch Fig. 88. veranschaulichte Satz:

Wenn man von einem Punkt außerhalb des Kreises mehrere Linien durch denselben legt und zu je vier Punkten, die dadurch auf der Peripherie bestimmt werden, Diagonalsehnen zieht; so liegen die Durchschnittspunkte dieser Diagonalsehnen auf einer geraden Linie.

Anm. 2. Je weiter $A\delta$ sich von AD entfernt, desto mehr rücken die Punkte δ und γ einander näher. Der Punkt des Perpendikels ist aber immer zwischen beiden; folglich fallen beide Punkte in E zusammen; wenn die Linie AE gezogen wird. Diese ist also eine Tangente.

Dies kann auch auf andre Weise leicht gezeigt werden. Zieht man EA, EC, HC; so ist Winkel AEC = CEB (§. 9.), CEB = CHB, daher AEC = CHE; also AE Tangente (VIII, 28, 3.).

Es ist demnach möglich, ohne Anwendung des Zirkels Tangenten an einen Kreis zu legen. Soll dies geschehen an den Kreis um CD (Fig. 87.) von A aus; so ziehe man zwei beliebige Linien durch den Kreis $A\gamma\delta$, ACD, ferner $C\gamma$, $D\delta$, die sich in F schneiden, und die Diagonalen $C\delta$, $D\gamma$, die den Durchschnittspunkt G haben, endlich FG (oder die Senkrechte GB), die den Kreis in E und H trifft; so sind E und H die Berührungspunkte.

Zugleich ist hierin eine Construction angedeutet, nach welcher man zu dem ersten, zweiten und vierten harmonischen Punkt (A, C, D) den dritten B finden kann.

§. 11. Erklärung.

Wenn zwei Geraden als Transversalen eines und desselben Strahlensystems angesehen werden; so heißen die von demselben Strahl getroffenen Punkte auf ihnen entsprechende Strahlpunkte. Ist derjenige Strahl, welcher einen Punkt auf einer Transversale bestimmt, der anderen Transversale parallel; so liegt der dadurch bestimmte entsprechende Punkt zwar in unendlicher Entfernung, wird aber als ein durch das Strahlengesetz genau bestimmter Punkt betrachtet. Der Durchschnittspunkt beider Transversalen ist in jeder ein entsprechender Punkt zu demselben Punkte in der anderen.

Erläuterung.

Wenn das Strahlensystem aus M (Fig. 89.) von den beiden Transversalen $\alpha\beta$ und ab durchschnitten wird; so sind die Punkte a und α entsprechende Strahlpunkte, weil beide auf dem Strahl MA liegen, desgleichen b und β auf dem Strahl MB, c und γ auf dem Strahl MC u. s. w. Zu dem Punkte e, dessen Strahl EM ein Parallelstrahl zu $\alpha\beta$ ist, gehört der unendlich entfernte Punkt ε, auf der Linie $\alpha\beta$, und da sich beide Transversalen zugleich mit dem Strahl MF in einem Punkte schneiden; so ist dieser Punkt, als f auf ab, als ζ auf $\alpha\beta$ bezeichnet, auch ein übereinstimmender Strahlpunkt in beiden Linien. Eben so ist auf dem Strahl ME' der Punkt ε' auf $\alpha\beta$ ein entsprechender Strahlpunkt zu e' dem Punkte von unendlicher Entfernung auf ab.

Anm. So lange beide Transversalen mit dem Strahlensystem ein unveränderliches Gebilde ausmachen, wird es nicht schwer sein, zu jedem Punkte der einen Transversale den entsprechenden Strahlpunkt auf der anderen zu finden. Eine durch den Strahlenmittelpunkt und den auf einer Transversale gegebenen Punkt gelegte Gerade bestimmt jederzeit den gesuchten Punkt auf der anderen.

§. 12. Aufgabe.

Wenn in einem Strahlensystem mit zwei sich durchschneidenden Transversalen, die eine derselben um den Durchschnittspunkt beider so gedreht ist, daß alle entsprechenden Punkte derselben bis auf diesen Durchschnittspunkt eine andre Lage erhalten haben, ein neues Strahlensystem zu finden, in welchem die Punkte der bewegten Transversale gleichfalls entsprechende Punkte zu den Punkten der unbewegten Transversale sind.

Auflösung.

Es sei (Fig. 90.) ein Strahlensystem mit dem Mittelpunkt M gegeben. Zwei Transversalen desselben AB' und AB schneiden sich in dem Punkte A, die eine AB bleibe unbewegt, die andre AB' drehe sich und komme in die Lage Ab'. Es soll dasjenige Strahlensystem gefunden werden, in welchem die mit den Punkten auf AB' gleichliegenden Punkte auf Ab' wieder entsprechende Punkte zu den Punkten auf AB sind.

Man suche die Parallelstrahlen MD und ME, lege durch E auf dem festen Strahl AB eine Linie Eb' parallel mit Ab', und schneide auf derselben ein Stück EM' = EM ab; so ist M' der Mittelpunkt des gesuchten Strahlensystems.

Zum Beweise ziehe man zunächst M'd' parallel mit AB; so wird die Transversale Ab' in d' getroffen, und es ist Ad' = EM' = EM = AD'; also trifft der Parallelstrahl durch M' die Transversale Ab' in einem Punkte d', der gleichliegend mit dem Punkte D' ist, wo der Parallelstrahl durch M die Transversale AB' trifft. Es ist AD' = Ad'.

Zieht man ferner von irgend einem Punkte auf AB, z. B. von C in dem ersten System den Strahl CMC' und den Strahl CM'c' in dem zweiten System;

so ist $C'A : AC = ME : EC,$

$c'A : AC = M'E : EC;$

da aber ME = M'E, so ist auch C'A = c'A; also sind auch c' und C' vollkommen gleichliegende Punkte auf den Transversalen AB' und Ab'.

Dasselbe läßt sich zeigen; wo auch der Punkt C angenommen wird. Es sind also alle entsprechenden Punkte, welche AB' mit AB in Bezug auf den Strahlenmittelpunkt M hat, in ihrer veränderten Lage auf Ab' ebenfalls entsprechende Punkte zu den Punkten auf AB in Bezug auf den Strahlenmittelpunkt M'.

Anm. Man sieht hieraus, daß, wenn eine Transversale sich um den Durchschnittspunkt mit einer anderen dreht; der Strahlenmittelpunkt, auf den ihre Punkte bezogen werden müssen, um den Punkten der anderen Transversale entsprechend zu sein, in der Peripherie eines Kreises bleibt, dessen Mittelpunkt sich im Durchschnitt der festen Transversale mit dem Parallelstrahl der andern befindet, und dessen Radius dem Abstande gleich ist, den der Durchschnitt des Parallelstrahls auf der beweglichen Transversale vom Durchschnitt beider Transversalen hat.

§. 13. Erklärung.

Wenn zwei Strahlensysteme mit ihren aufeinanderfolgenden Strahlen dieselben Punkte einer gemeinschaftlichen Transversale treffen; so nennt man in Beziehung auf diese gemeinschaftliche Transversale diejenigen Strahlen, welche durch denselben Punkt der Transversale gehen, entsprechende Strahlen. Auch die mit der Transversale parallelen Strahlen beider Systeme sind entsprechende Strahlen, weil sie den unendlich entfernten Richtungspunkt der Transversale treffen. Ein Strahl, der durch die Mittelpunkte beider Systeme gelegt wird, ist offenbar ein entsprechender Strahl beider Systeme.

Erläuterung.

Sind die zu den Strahlenmittelpunkten M und M' (Fig. 91.) gehörigen Strahlensysteme von der gemeinsamen Transversale AE so geschnitten, daß die Strahlen Ma und M'a' in dem Punkte A, Mc und M'c' in dem Punkte C dieser Transversale zusammentreffen; so heißen Ma, M'a', ferner Mc, M'c', desgleichen Md und M'd' u. s. w. entsprechende Strahlen und der Strahl MM' der die Linie in B trifft, ist als beiden Systemen gemeinschaftlicher Strahl sich selber entsprechend. Auch die Parallelen MF und M'F' sind entsprechende Strahlen.

§. 14. Aufgabe.

Wenn für zwei Strahlensysteme die Durchschnittspunkte je zweier entsprechenden Strahlen in einer geraden Linie liegen, und, während das eine System seine Lage behält, der Strahlenmittelpunkt des anderen auf dem gemeinschaftlichen Strahle beider ohne Drehung an eine andere Stelle rückt, die Lage der neuentstandenen Durchschnittspunkte für die entsprechenden Strahlen zu bestimmen.

Es seien (Fig. 92.) M und M' die Mittelpunkte zweier Strahlensysteme, deren Durchschnitte entsprechender Strahlen in der Geraden AB liegen; so daß A den Durchschnitt bildet für die Transversale mit dem gemeinsamen Strahle beider Systeme M'M, dagegen MB und M'B, wie überhaupt jede von einem Punkte der Geraden AB nach den Punkten M und M' gezogenen zwei Geraden, entsprechende Strahlen beider Systeme sind.

Nun werde ein neuer Strahlenmittelpunkt auf der Linie MM' in M'' angenommen, und das dazu gehörige Strahlensystem sei übereinstimmend mit dem Strahlensysteme um M', so daß die entsprechenden Strahlen beider z. B. M'B und M''B' parallel sind. Es soll die Linie bestimmt werden, auf welcher die Durchschnittspunkte der entsprechenden Strahlen für die Systeme um M'' und M liegen.

Da M'B sich mit MB in B schneidet; so muß auch die Parallele M''B' sich mit MB schneiden. Dies geschehe in B'. Durch diesen Punkt B' lege man eine Parallele mit AB, welche den gemeinsamen Strahl der drei Systeme in A' trifft; so enthält diese Gerade A'B' alle Durchschnitte der entsprechenden Strahlen aus M und M''.

Man nehme z. B. auf AB beliebig den Punkt C an und ziehe MC und M'C, welches demnach entsprechende Strahlen für die Systeme um M und M' in Bezug auf AB sind.

Es ist, weil M'B ‡ M''B' und AB ‡ A'B', auch

$$MB : MB' = MC : MC'$$
$$MB : MB' = MM' : MM'',$$

also $$MC : MC' = MM' : MM''.$$

Daher auch M''C' parallel mit M'C (XII, 1.).

Was vom Punkt C bewiesen ist, gilt für jeden andern Punkt auf AB.

Anm. Wenn daher von zwei Strahlensystemen, deren entsprechende Strahlen nach einer alle ihre Durchschnitte aufnehmenden geraden Linie bestimmt sind, das eine mit ungeänderten Winkeln, d. h. übereinstimmend und ohne Drehung so fortrückt, daß sein Strahlenmittelpunkt immer auf dem gemeinschaftlichen Strahl beider Systeme bleibt; so rückt auch die Transversale, welche alle Durchschnitte aufnimmt, parallel mit sich selber in der Ebene fort.

§. 15. Lehrsatz.

Wenn zwei Strahlensysteme vollkommen gleichwinklig sind, aber so gelegt, daß die entsprechenden Strahlen nicht parallel sind; so liegen die Durchschnitte der entsprechenden Strahlen in der Peripherie eines Kreises, auf welcher sich auch die beiden-

Strahlenmittelpunkte befinden, und einen Bogen begrenzen, der die Abweichung der entsprechenden Strahlen zum Peripheriewinkel hat.

Beweis.

Sind (Fig. 93.) M und M' zwei Strahlenmittelpunkte, und ist der Strahl M'γ im Durchschnitt C entsprechend zu Mc, ebenso M'δ im Durchschnitt D entsprechend mit Md, M'ε im Durchschnitt E entsprechend mit Me u. s. w.; so ist, weil beide Strahlensysteme genau übereinstimmen, Winkel CMD = CM'D, DME = DME u. s. w. Ein Kreis also der durch CM und D geht, geht auch durch M' (VIII, 28. 1.)

Eben so geht auch ein Kreis, der durch ED und M geht, gleichfalls durch M'.

Die Punkte C, D, E, M, M' liegen also in der Peripherie eines Kreises.

Es treffen auch in M zwei entsprechende Strahlen zusammen, nämlich M'β und Mb. Diese Strahlen bilden also den Winkel βMb = M'Mb' = MEM'.

Der Peripheriewinkel, welcher zum Bogen MM' gehört, bestimmt also die Richtungsabweichung der entsprechenden Strahlen des einen und des anderen Systems.

Legt man eine Transversale durch die beiden übereinstimmenden Strahlensysteme um M und M'; so trifft diese entweder den Kreis gar nicht, oder sie berührt ihn, oder sie durchschneidet ihn in zwei Punkten.

Im ersteren Falle sind die entsprechenden Punkte, welche beide Strahlensysteme auf der gemeinsamen Transversale haben, durchaus von einander verschieden.

Im zweiten Falle findet sich ein Punkt auf der gemeinsamen Transversale, in welchem zwei entsprechende Strahlen beider Systeme zusammentreffen. Dies ist der Berührungspunkt der Transversale mit diesem Kreise.

Im dritten Falle giebt es zwei Punkte auf der gemeinschaftlichen Transversale, in denen entsprechende Strahlen beider Systeme zusammentreffen. Dies sind die Durchschnittspunkte der Transversale mit dem Kreise.

Da nun eine gerade Linie einen Kreis höchstens in zwei Punkten treffen kann; so folgt der

Zusatz.

Wenn auf zwei Geraden entsprechende Punkte da bestimmt sind, wo jede für sich in einer anderen Lage von denselben Strahlen eines bestimmten Systems getroffen wird; so können, wenn diese Linien auf einander gelegt sind, nie mehr als zwei entsprechende Punkte zusammenfallen.

Anm. Wenn auf einer Linie zwei Paare von Hauptpunkten A, B und A', B, und zwei dazu gehörige Nebenpunkte. C und C' bestimmt, und die Punkte D, E, F ꝛc.; ferner D', E', F' ꝛc., so gewählt sind, daß die Zusammensetzungen der Wechselverhältnisse der Lage von D und C gegen A, B und von D' und C' gegen A', B' gleich sind, eben so die Zusammensetzungen der Wechselverhältnisse der Lage von E und C gegen A, B und von E' und C' gegen A', B' gleich sind u. s. w.; so wird man diese Gerade als eine solche ansehen können, auf welcher zwei Transversalen liegen, die demselben Strahlensystem so angefügt werden können, daß A ein entsprechender Punkt mit A' ist, ebenso B mit B', C mit C', D mit D', E mit E', F mit F' u. s. w.

Es werden aber, wenn die Transversalen verschieden sein sollen, höchstens nur zwei solcher übereinstimmender Punkte in einen Punkt der Geraden zusammenfallen können, denn fielen drei zusammen, z. B. A auf A', B auf B', C auf C'; so müßten auch D und D', E und E', F und F' u. s. w. zusammenfallen, wie die Zusammensetzung der Wechselverhältnisse ergiebt.

§. 16. Aufgabe.

Wenn auf einer und derselben geraden Linie sechs Punkte so bestimmt sind, daß je zwei derselben entsprechende Punkte zweier Transversalen sind, die sich auf dasselbe Strahlensystem beziehen lassen: einen Punkt zu finden, der in Bezug auf beide Strahlensysteme ein entsprechender in beiden Transversalen ist.

Auflösung und Beweis.

Sind auf der Linie AB (Fig. 94.) die Punkte a, b, c und α, β, γ so angenommen, daß sie in zwei demselben Strahlensystem angehörig gedachten, hier aber zusammenfallenden, Transversalen entsprechende Punkte bilden; so soll ein Punkt auf AB gefunden werden, der, auf beide Transversalen bezogen, mit sich selbst entsprechend ist.

Man errichte in den entsprechenden Punkten b und β Perpendikel, wähle auf dem Perpendikel in b den Punkt M beliebig, und ziehe aM und cM; dann aus α parallel mit aM die Linie αm, welche das Perpendikel in β im Punkte m durchschneidet, ferner γm' parallel mit cM, so daß m' auf dem Perpendikel βm liegt. Dann beschreibe man um αm und γm', als Durchmesser, Kreise, die sich in M' treffen.

Es ist zunächst ersichtlich, daß M' dann der Strahlenmittelpunkt für die Transversalpunkte α, β, γ ist. Zieht man nämlich M'α, M'β, M'γ; so ist

$$\text{Winkel } aMb = \alpha m\beta = \alpha M'\beta \text{ und } bMc = \beta m'\gamma = \beta M'\gamma.$$

Die Strahlensysteme um M und M' sind also übereinstimmend und die Punkte a, b, c der Transversale des einen Systems um M entsprechen den Punkten α, β, γ der Transversale des andern Systems um M'.

Legt man nun durch M, M' und den Durchschnitt zweier entsprechenden Strahlen in beiden Systemen, z. B. durch N, wo sich die Strahlen Mc und M'γ treffen, einen Kreis, der die Linie AB in p und q trifft; so sind p und q die gesuchten Punkte.

Es sind nämlich alle Punkte in der Peripherie Durchschnitte entsprechender Strahlen der Systeme um M und M' (§. 16.); also auch p und q, die auf diesem Kreise liegen.

Anm. Sieht man a, c und α, γ als Hauptpunkte, b und β als Nebenpunkte an; so ergiebt sich die Gleichheit folgender zusammengesetzter Verhältnisse

$$\begin{Bmatrix} ab : bc \\ cq : qa \end{Bmatrix} = \begin{Bmatrix} \alpha\beta : \beta\gamma \\ \gamma q : q\alpha \end{Bmatrix}.$$

Daraus folgt; daß, welche Strahlenmittelpunkte man auch für a, b, c und α, β, γ annehmen möge, der Punkt q jederzeit der Durchschnitt entsprechender Strahlen in beiden ist, sobald a, α, b, β, c, γ entsprechende Strahlenpunkte sind.

§. 17. Aufgabe.

Wenn in einer Ebene beliebige Geraden und eben so viel Punkte gegeben sind; ein Vielseit zu construiren, dessen Ecken auf den gegebenen geraden Linien liegen und dessen Seiten durch die gegebenen Punkte gehen.

Auflösung und Beweis.

Es sei das Viereck amno (Fig. 95.) gegeben, und die vier Punkte A, B, C, D. Man soll ein Viereck finden, dessen Seiten durch diese Punkte gehen und dessen Ecken in den Seiten des Vierecks amno liegen.

Man wähle drei Punkte a, b, c auf am und lege Strahlen durch dieselben und durch A, welche die Seite mn in den Punkten a', b', c' treffen.

Durch diese und den Strahlenmittelpunkt B lege man Strahlen, welche die Seite no in a'', b'', c'' treffen.

Durch diese Punkte und den Mittelpunkt C lege man Strahlen, welche die Seite oa in den Punkten a''', b''', c''' treffen.

Durch diese Punkte endlich und den Mittelpunkt D lege man Strahlen, welche die Linie am in den Punkten α, β, γ durchschneiden.

Dann sind a′, b′, c′ entsprechende Punkte zu a, b, c,
ebenso a″, b″, c″ zu a′, b′, c′, also auch zu a, b, c,
desgleichen a‴, b‴, c‴ zu a″, b″, c″, also auch zu a, b, c,
endlich α, β, γ zu a‴, b‴, c‴ also auch zu a, b, c.

Da aber die Punkte a, b, c und α, β, γ auf derselben Linie liegen; so suche man auf dieser Linie den Punkt p, der sowohl zu dem einen System als auch zu dem andern als entsprechender Punkt gehört. Von diesem Punkt p aus lege man durch A die Linie pp′, durch B die Linie p′p″, durch C die Linie p″p‴, durch D endlich die Linie p‴D, welche nach p treffen muß: da ja diese Linie den mit p entsprechenden Punkt durchschneiden muß, welches p selber ist.

Anm. Wie die Aufgabe hier in Bezug auf vier Punkte und vier Linien gelöst ist; so läßt sie sich, wie leicht einzusehen ist, auf jede Anzahl der gegebenen Linien und Punkte ausdehnen. Die Wahl der Punkte a, b, c hat man jederzeit so zu treffen, daß sie auf der Linie am mit den zuletzt entstehenden α, β, γ entweder in gleicher oder in entgegengesetzter Folge sind.

§. 18. Schlußbemerkungen zum siebenzehnten Abschnitt.

Die wesentlichsten Beziehungen der Strahlensysteme auf ihre Transversalen sind in den Sätzen dieses Abschnitts erläutert. Zur weiteren Durchführung dieser Lehre und zur Abkürzung des Ausdrucks der Sätze sind von denjenigen Mathematikern, welche dieses Gebiet der Geometrie besonders erweitert haben, eigenthümliche Benennungen eingeführt worden, von denen einige hier angegeben werden sollen.

Eine Gerade, die als Transversale zu einem Strahlensystem betrachtet werden kann, heißt in Bezug auf dieses Strahlensystem projectivisch. Zwei Geraden sind unter sich projectivisch; wenn sie als Transversalen desselben Strahlensystems betrachtet werden können.

Zwei Strahlensysteme (auch wohl Strahlenbüschel) genannt, sind unter sich projectivisch; wenn ihre Strahlen derselben Transversale angepaßt werden können, d. h. wenn sie zu derselben Geraden projectivisch sind.

Es folgt aus den Lehrsätzen dieses Abschnitts leicht der Satz, daß wenn zwei Linien oder zwei Strahlensysteme mit einer dritten projectivisch sind, sie es auch unter sich sein müssen.

Daher werden zwei Geraden projectivisch sein; wenn sie als Transversalen in projectivischen Strahlensystemen betrachtet werden können.

Die von einem Strahlensystem auf der Transversale bestimmten Punkte heißen daher projectivische Punkte und zwar auf verschiedenen Transversalen sind die auf denselben Projectionsstrahl bezogenen entsprechende Punkte, so wie auch die auf dieselben Punkte einer Transversale bezüglichen Strahlen projectivischer Systeme entsprechende Strahlen heißen.

Der ursprüngliche Zusammenhang projectivischer Gebilde wird die perspectivische Lage derselben genannt. Hält man aber die Projectionspunkte an den Geraden fest und verändert die Lage derselben; so betrachtet man die Gebilde in schiefer Lage.

Man wird nun leicht in den Entwicklungen dieses Abschnitts folgende Sätze wiederfinden.

1) Bei zwei projectivischen Geraden sind die Wechselverhältnisse der Lage zweier entsprechenden Punkte gegen zwei andre entsprechende Punkte überall gleich.

2) Bei zwei projectivischen Strahlensystemen sind die Wechselverhältnisse der Lage zweier entsprechenden Strahlen gegen zwei andre entsprechende Strahlen einander gleich.

3) Wenn auf jeder von zwei projectivischen Geraden drei entsprechende Punkte bekannt sind, so läßt sich zu jedem Punkte der einen Geraden der entsprechende auf der andern leicht finden.

4) Wenn in jedem von zwei projectivischen Strahlensystemen drei entsprechende Strahlen bekannt sind, so läßt sich zu jedem Strahl des einen Systems der entsprechende Strahl im anderen leicht bestimmen.

5) Man kann auf jeder von zwei Geraden drei Punkte willkührlich annehmen und beide so als projectivisch ansehen, daß diese Punkte entsprechende sind.

6) Man kann in jeden zwei Strahlensystemen je drei Strahlen auswählen und als entsprechende Strahlen betrachten; so daß die Strahlensysteme selbst in Bezug auf dieselben projectivisch sind.

7) Zwei Strahlensysteme, die einzeln einem dritten projectivisch sind, sind auch unter sich projectivisch.

8) Zwei Geraden, die einzeln einer dritten projectivisch sind, sind unter sich projectivisch.

9) Wenn die Strahlen parallel sind; so sind die Abschnitte der einzelnen projectivischen Geraden proportional; in diesem Falle werden diese Geraden projectivisch ähnlich genannt.

10) Zwei projectivische Geraden sind ähnlich, wenn drei Paar entsprechender Abschnitte proportional sind.

11) Projectivische Strahlensysteme sind gleich, d. h. die Winkel der entsprechenden Strahlen stimmen überein; wenn dies mit drei solchen Winkeln der Fall ist.

12) Wenn von drei Strahlensystemen, deren Mittelpunkte in einer Geraden liegen, zwei mit dem dritten projectivisch sind und mit ihm perspectivische Lage haben; so sind sie auch unter sich projectivisch und in perspectivischer Lage.

13) Wenn drei Geraden in einen Punkt zusammentreffen und zwei derselben mit der dritten projectivisch und in perspectivischer Lage sind; so sind sie auch unter sich projectivisch und in perspectivischer Lage.

14) Die beiden Sätze 12 und 13 gelten auch von mehreren projectivischen Strahlensystemen und von mehreren projectivischen Geraden.

15) Eine Folgerung aus diesen Sätzen ist folgender Satz:

Wenn in einer Ebene sich die Ecken eines vollständigen n Ecks in n festen Geraden bewegen, die durch einen Punkt gehen, und sich zugleich n — 1 Seiten desselben, die einem einfachen n Eck in der Figur angehören, um eben so viel feste Punkte drehen; so drehen sich auch die übrigen Seiteu um andere feste Punkte.

16) Desgleichen:

Wenn sich die Seiten eines vollständigen veränderlichen n Seits um n feste Punkte drehen, die in einer Geraden liegen; und bewegen sich n — 1 Ecken desselben, die irgend einem einfachen n Eck in der Figur angehören, in eben so vielen festen Geraden; so bewegen sich auch die übrigen Ecken in anderen festen Geraden.

Als Folgerungen aus den Sätzen des Abschnitts mögen hier noch folgende Sätze erwähnt werden.

17) Sind die Eckpunkte eines Dreiecks entsprechende Punkte auf den Seitenlinien, wenn diese als projectivische Geraden in perspectivischer Lage angesehen werden; so sind die zugehörigen Projectionspunkte (Strahlenmittelpunkte) die Ecken eines Dreiecks, dessen Seiten durch die Ecken des gegebenen gehen.

18) Sind die Ecken eines Dreiecks Mittelpunkte projectivischer Strahlensysteme, wovon je zwei in perspectivischer Lage sind; so bilden ihre perspectivischen Durchschnitte, d. h. die Transversalen, in Beziehung auf welche je zwei Strahlensysteme sich als perspectivisch darstellen, ein Dreieck, dessen Ecken in den Seiten des gegebenen liegen.

19) Wenn von den Eckpunkten eines einfachen Sechsecks drei abwechselnd auf einer und die andern drei auf einer andern geraden Linie liegen; so sind auch die Durchschnittspunkte je zweier Gegenseiten in gerader Linie.

20) Wenn von den Seiten eines einfachen Sechsseits drei abwechselnd durch einen und die drei andern durch einen andern Punkt gehen; so liegen auch von den Ecken drei abwechselnd auf einer geraden Linie.

Anm. Wie die Sätze der letzten beiden Abschnitte ein hohes wissenschaftliches Interesse haben; so geben sie auch für praktische Zwecke manche Hülfsmittel an die Hand, wovon wir hier nur zwei Beispiele anführen:

1) Soll (Fig. 96.) ein gerader Weg von A nach B durch einen im freien Felde liegenden Wald gelegt werden; so suche man die Punkte D und C, von welchen aus man A sieht, und die gegenseitig sichtbar sind. Alsdann visire man den Punkt E in der Richtung AC und DB ein, indem man Signale auf A, C, D und B steckt, und den Punkt F in der Richtung AD und CB mit Signalen auf denselben Punkten. Durch Signalstangen auf den Punkten E und F, so wie C und D visire man sich in G ein, nehme durch Signale auf F und A in der Verlängerung über F den Punkt H beliebig an und suche in der Verlängerung von AE über E durch Signale auf AE den Punkt K in der Richtung GH. Durch Einvisiren erhält man den Schnittpunkt der Linien KF und HE, den Punkt L. In der Richtung LB kann man nun eine Flucht durch den Wald schlagen lassen. Soll von beiden Seiten zugleich geschlagen werden, so visire man auf H die Punkte M und N beliebig ein, suche auf AC die Punkte O in der Richtung GM und P in der Richtung GN, suche den Schnittpunkt von MP und ON, den Punkt Q, so wird man in der Richtung AQ den Punkt B erreichen.

2) Die geraden Wege AB und CD (Fig. 97.) kreuzen sich im Walde im Punkte E. Man soll vom Punkte f einen Weg nach E legen. Man visire auf CD den Punkt b und auf AB den Punkt a, welche beide von f sichtbar sind, ein. In der Verlängerung von ba über a hinaus nehme man den Punkt c beliebig an, und suche auf bf den Punkt d, von dem man c sehen kann, auf CD visire man den Schnittpunkt mit cd den Punkt e, ein, nehme zwischen und auf df den Punkt g beliebig an und suche den Schnittpunkt von af und gc, den Punkt h, suche den Schnitiuunkt von dh und ge den Punkt k, so wird der Weg in der Richtung fk den Schnittpunkt der Wege AB und CD, den Punkt E, treffen.

Aehnliche Aufgaben, bei welchen Parallellinien gezogen, Winkel an unzugänglichen Punkten halbirt, bestimmte Längen gemessen werden sollen, zu deren Endpunkten man nicht gelangen kann, finden durch solche Ausführung befriedigende Lösung.

Achtzehnter Abschnitt.

Vermischte Sätze aus der Geometrie der Ebene.

A. Von der Linie der mittleren Entfernung.

§. 1. Erklärung.

Wenn von mehreren Punkten auf eine zwischen sie hindurchgehende Abscissenlinie Ordinatenperpendikel gefällt sind und die Perpendikel auf der einen Seite sind zusammengenommen den Perpendikeln auf der anderen gleich; so wird die Abscissenlinie **mittlere Ordinatenaxe** dieser Punkte genannt.

Anm. Diese mittlere Ordinatenaxe wird auch oft die **Linie der mittlern Entfernung** genannt.

§. 2. Aufgabe.

Die mittlere Ordinatenaxe mehrerer Punkte zu finden, welche mit einer gegebenen Linie parallel ist.

Auflösung.

Es seien die fünf Punkte A, B, C, D, E (Fig. 98.) und außerdem die Linie FG gegeben, mit welcher parallel eine mittlere Ordinatenaxe der Punkte gefunden werden soll.

Man benenne die Ordinaten-Perpendikel für A, B, C, D, E auf FG durch a, b, c, d, e und verlängere die Ordinate HD = d über D hinaus. Auf der Verlängerung schneide man ab DK = c, KL = e, LM = b, MN = a; theile die Linie HN in 5 gleiche Theile. Der nächste Theilpunkt an H sei O. Zieht man nun die Linie OP parallel mit FG; so ist diese die verlangte mittlere Ordinatenaxe der fünf Punkte A, B, C, D, E.

Beweis.

Man benenne die Ordinatenperpendikel aus den fünf Punkten auf die Abscissenlinie OP mit a', b', c', d', e' und den fünften Theil der Linie HN bezeichne man durch f; so ist für die beiden Punkte B und C auf einer Seite von OP, $b' = b - f$, $c' = c - f$, also $b' + c' = b + c - 2f$.

Für die drei Punkte A, E, D auf der anderen Seite der Abscissenlinie OP ist, $a' = f - a$, $e' = f - e$, $d' = f - d$; also $a' + d' + e' = 3f - a - d - e$.

Es ist aber $3f = 5f - 2f = a + b + c + d + e - 2f$; folglich ist $a' + d' + e' = a + b + c + d + e - 2f - a - d - e$,
d. h. $a' + d' + e' = b + c - 2f = b' + c'$. Was zu beweisen war.

§. 3. Lehrsatz.

Alle mittleren Ordinatenaxen beliebiger gegebener Punkte schneiden sich in einem einzigen Punkte.

Beweis.

Betrachtet man zunächst zwei Punkte A und B (Fig. 99.); so ist die Mitte C der Verbindungslinie AB derjenige Punkt, durch welchen gelegt jede gerade Linie mittlere Ordinatenaxe für die beiden Punkte A und B wird. Legt man z. B. DE durch C und fällt die Ordinatenperpendikel AG und BF; so ist Dreieck FCB congruent ACG (IV, 4.) und AG = BF. Dasselbe gilt aber für jede durch C gelegte Linie.

Hat man ferner drei Punkte A, B und D (Fig. 100.) und ist für A und B der Durchschnittspunkt ihrer Ordinatenaxen C bestimmt, so ziehe man DC, theile DC in drei Theile, so ist der zunächst an C liegende Theilpunkt E derjenige Punkt, durch welchen jede Linie mittlere Ordinatenaxe für die drei Punkte A, B und C ist.

Legt man z. B. FG durch E, und durch C mit FG parallel die Linie HK, und fällt auf beide Linien die Ordinatenperpendikel zu den Punkten A, B und D und bezeichnet man dann den Perpendikelabstand beider Parallelen durch p, die Ordinaten von A und B für die Abscissenlinie HK durch a und b, die drei Ordinaten für die Abscissenlinie FG durch a', b', d'; so ist

$$d' = 2p \text{ ; da } CH \ddagger EF \text{ (V, 12.),}$$

$$b' = b - p;$$

$$\text{also } d' + b' = 2p + b - p = p + b.$$

Ferner ist $a' = p + a$: da aber, nach dem oben bewiesenen, $a = b$;

$$\text{so ist auch } p + a = p + b, \text{ d. h. } a' = b' + d',$$

d. h. die Ordinaten der Punkte B und D auf der einen Seite der Abscissenlinie sind der Ordinate des Punktes A auf der anderen gleich. Wie aber für FG; so läßt sich der Beweis für jede andere durch E gelegte Linie führen. Alle Linien durch E sind also Ordinatenaxen der drei Punkte A, B und D.

Hat man 4 Punkte A, B, D, F (Fig. 101.) und für die drei Punkte A, B, D schon den Durchschnittspunkt der Ordinatenaxen E bestimmt; so ziehe man EF, theile EF in 4 gleiche Theile und benenne den nächsten Theilpunkt an E mit G; so ist G der Punkt, durch welchen jede Linie eine Ordinatenaxe der vier Punkte A, B, D, F ist.

Zieht man z. B. die Linie HK und mit ihr parallel LM durch E; und benennt, wie vorhin, den Abstand beider Parallelen mit p, so wie gleichnamig mit den Punkten die Ordinaten auf LM, mit a, b, d die auf HK mit a', b', d', f',

so ist $f' = 3p$, $a' = a - p$,

also $f' + a' = 2p + a$.

Es ist ferner $d' = d + p$, $b' = b + p$,

also $d' + b' = 2p + b + d$.

Nun ist aber durch die Bestimmung des Punktes E schon gegeben, daß $a = d + b$.

Es ist also auch $2p + a = 2p + b + d$,

d. h. $f' + a' = d' + b'$.

Daher ist HK eine Ordinatenaxe für die Punkte A, B, D, F.

Was aber von dieser Linie gilt, läßt sich eben so für jede andere durch G gelegte Linie beweisen.

Man sieht leicht ein, wie diese Schlüsse für 5, 6, 7, überhaupt für jede beliebige Anzahl von Punkten fortgesetzt werden können. Es giebt also für jede Anzahl von Punkten einen Punkt von der Beschaffenheit, daß alle durch ihn gelegten Geraden Ordinatenaxen für die übrigen sind.

Es ist zur Vollständigkeit des Beweises nun noch zu zeigen, daß es keine Ordinatenaxe giebt, die nicht durch diesen Punkt geht.

Wäre z. B. für die Punkte A, F, B, D der Punkt G so bestimmt, daß jede durch ihn gelegte Linie Ordinatenaxe der Punkte A, F, B, D wäre; und gäbe es noch eine andere Ordinatenaxe LM; so würden für LM die Ordinaten aus A und F d. i. $a + f$ gleich sein müssen den Ordinaten aus D und B d. i. $d + b$.

Es sind aber auch für die mit LM durch G parallel geführte HK die Ordinaten aus A und F, $(a' + f')$ denen aus D und B, $(d' + b')$ zusammengenommen gleich.

Nun sind $a + f$ um 2p größer als $a' + f'$,

und $d + b$ um 2p kleiner als $d' + b'$.

Daher kann $a + f$ nicht gleich mit $d + b$ sein.

Es kann also außer den Linien, welche durch diesen Punkt G gehen, keine mittlere Ordinatenaxe geben.

§. 4. Zusatz.

Da durch Aufsuchung zweier sich schneidender Axen nach §. 19. der gemeinschaftliche Durchschnittspunkt der Ordinatenaxen sämmtlicher Eckpunkte einer Figur leicht gefunden werden kann; da ferner jede Figur durch eine Linie, die durch einen beliebig gegebenen Punkt geht, halbirt werden kann (XV, 10.); so ist es auch möglich, eine Linie durch eine Figur zu legen, welche dieselbe halbirt und zugleich Ordinatenaxe der Eckpunkte ist.

Anm. 1. Da bei den Sätzen §. 1 bis §. 4. die Eigenschaft des rechten Winkels, den die Ordinaten mit der Abscissenlinie bilden, nicht in Betracht kommt; so gelten dieselben auch für schiefe Winkel. Wenn also durch ein System von Punkten in einer Ebene Parallellinien in beliebigen Richtungen gelegt sind, so läßt sich in jeder andern Richtung eine Gerade finden, von der Beschaffenheit, daß die Summe der von ihr und von den Punkten begrenzten Parallelen auf der einen Seite eben so groß ist, wie die Summe der eben so begrenzten Parallelen auf der anderen Seite.

Anm. 2. Der Durchschnittspunkt der Axen mittlerer Entfernung für mehrere Punkte wird in der Statik auch der Schwerpunkt für diese Punkte genannt.

B. Von den Polaren.

§. 5. Erklärung.

Wenn auf einer geraden Linie vier harmonische Punkte bestimmt sind, und um den Abstand zweier Hauptpunkte, als Durchmesser ein Kreis beschrieben, und in einem der Nebenpunkte ein Perpendikel errichtet ist; so heißt dieses Perpendikel die Polare zu dem andern Nebenpunkt für jenen Kreis, und der andere Nebenpunkt der Pol zu jener Polaren. Ist der Pol der Aehnlichkeitspunkt zweier Kreise; so werden die ihm in beiden Kreisen zugehörigen Polaren auch Aehnlichkeitspolaren genannt und zwar, je nach der Lage des Punktes, innere oder äußere Aehnlichkeitspolaren.

Erläuterung.

Sind A, C, B, D (Fig. 102.) harmonische Punkte auf der Linie AD; so ist es (nach XVII, 6.) gleichgültig, ob man A und B, oder C und D als Hauptpunkte oder als Nebenpunkte betrachtet. Sieht man nun A und B als Hauptpunkte an und beschreibt um AB als Durchmesser einen Kreis, dessen Mittelpunkt M ist, errichtet dann in einem der Nebenpunkte C ein Perpendikel CE; so ist CE die Polare zum Pole D für den Kreis um M, und D der Pol zu der Polare EC für den Kreis um M. Wenn man in D ein Perpendikel DF errichtet; so ist dieses die Polare zu dem Punkte C und der Punkt C der Pol zu DF für den Kreis um M.

Aehnliches würde stattfinden; wenn D und C als Hauptpunkte angesehen würden.

Anm. 1. Es ergiebt sich aus den Eigenschaften der harmonischen Theilung, daß der Radius des Kreises (MB) die mittlere Proportionale zwischen den Abständen des Poles und der Polare vom Mittelpunkte ist (XVII, 7. Anm. 2.).

Anm. 2. Die Aehnlichkeitspolaren zweier Kreise, die außer einander liegen, wird man leicht auffinden: wenn man die Tangenten von dem Aehnlichkeitspunkt an beide Kreise legt. Die Verbindungslinie der Berührungspunkte ist diese Polare.

§ 6. Lehrsatz.

Wenn man durch irgend einen Punkt in der Ebene eines Kreises eine Gerade zieht, welche die Peripherie eines Kreises trifft, und an die entstandenen Durchschnittspunkte Tangenten legt; so schneiden sich diese Tangenten auf der zu diesem Punkte gehörigen Polare.

Beweis.

Es sei (Fig. 103.) ein Kreis um M gegeben, und in der Ebene desselben der Punkt C angenommen. Man lege durch C einen Durchmesser AB und bestimme zu den Hauptpunkten A und B und dem Nebenpunkte C den vierten harmonischen Punkt D, ziehe dann durch C eine Gerade, die den Kreis in E und F schneidet und lege an E und F Tangenten, die in G treffen; so liegt G auf dem Perpendikel in D, d. h. Winkel GDM = R. Zieht man nämlich die Hülfslinien EM und MG, welche letztere die Linie EF in H durchschneidet;

so ist Winkel GHE = R und GEM = R;

also in dem rechtwinkligen Dreieck GEM (nach XII, 4.)

$$HM : ME = ME : MG$$

$$\text{d. i.} \quad ME : HM = MG : ME$$

Es ist aber auch nach der Eigenschaft der harmonischen Abschnitte (§. 5. Anm.)

$$MC : MB = MB : MD;$$

die Zusammensetzung dieser Proportion mit der vorhergehenden ergiebt da ME = MB ist,

$$MC : HM = MG : MD.$$

Da nun die Dreiecke MCH und MGD auch den Winkel bei M gemein haben; so sind beide ähnlich (XIII, 3.).

Daher ist auch Winkel MDG = MHC = R.

Es ist also DG die Polare zu dem Pol C. Die Beweisführung gilt für beide Figuren, C mag außerhalb oder innerhalb des Kreises liegen.

Anm. 1. Es ist leicht einzusehen, daß zum Mittelpunkt die Polare in unendlicher Entfernung liegt und daß die Polare zu einem unendlich entfernten Punkte ein Durchmesser ist, so wie auch daß wenn eine Tangente als Polare betrachtet wird, ihr Berührungspunkt der zugehörige Pol ist

Anm. 2. Es läßt sich aus dem, was über die harmonische Theilung (XVII, 10.) gelehrt ist, leicht einsehen, daß der Punkt G Pol ist zur Polare FE für den Kreis um M. Nähme man auf GD noch einen Punkt G' an, und bestimmte die dazu gehörige Polare F'E'; so müßte sich diese nach dem eben bewiesenen Satze mit FE in C schneiden. Es folgt daraus leicht der Satz: Der Durchschnitt zweier Polaren ist der Pol für diejenige Linie, welche durch die Pole derselben geht (C ist Pol für GG').

Anm. 3. Es wird bei genauer Betrachtung der harmonischen Axen (XVII, 8.) nicht schwer den Satz zu beweisen, daß der Durchschnitt zweier Gegenseiten eines Kreissehnenvierecks auf einer Polare liegt, zu welcher der Durchschnitt der anderen Gegenseiten als Pol gehört; so wie, daß der Durchschnittspunkt der Diagonalen auch der Durchschnitt der beiden zu den Durchschnittspunkten der Sehnen gehörigen Polaren ist.

§. 7. Lehrsatz.

Die Durchschnittspunkte der Gegenseiten eines Kreissehnenvierecks sind in gerader Linie mit den Durchschnittspunkten der Gegenseiten des Tangentenvierecks, in dessen Umfange die Eckpunkte des Sehnenvierecks liegen.

Beweis.

Es sei das Kreissehnenviereck ABCD (Fig. 104.) gegeben, dessen Seiten AB, DC in J, ferner BC, AD in K zusammentreffen. Die Tangenten an den Eckpunkten dieses Vierecks bilden das umschriebene Viereck EFGH; dessen Gegenseiten EF, HG in L, ferner FG, EH in M zusammentreffen. Die vier Punkte J, K, L, M liegen in gerader Linie.

Man ziehe die beiden Diagonalen AC, BD, welche sich in N schneiden.

Dann ist AC Polare zu M und BD Polare zu L; also N der Pol für die Gerade ML (§. 6. Anm. 2.).

Nun ist aber auch N (nach §. 6. Anm. 3.) der Durchschnittspunkt der beiden Polaren für die Punkte J und K: mithin ist auch N der Pol für die gerade Linie JK.

Zu demselben Pol N kann aber nur eine Polare gehören; also fallen die Geraden JK und ML zusammen; folglich liegen M, K, L, J in gerader Linie.

§. 8. Lehrsatz.

Die Diagonalen eines Kreissehnenvierecks haben mit den Diagonalen eines Tangentenvierecks, dessen Umfang die Eckpunkte desselben enthält, denselben Durchschnittspunkt.

Beweis.

Zieht man in der bei §. 7. betrachteten Figur (Fig. 104.) noch die Diagonale HF in dem Tangentenviereck, so ist H Pol zu AD, ferner F Pol zu BC; also K Pol zu HF, also HF Polare zu K. Da aber der Punkt N auf dieser Polare sich befindet; so muß HF durch N gehen. Dasselbe gilt von der Diagonale EG, welche die Polare für den Punkt H ist. Die Durchschnitte der vier Diagonalen treffen also in dem einen Punkte N zusammen.

§. 9. Lehrsatz.

Die verlängerten Gegenseiten eines Kreissehnenvierecks treffen mit den verlängerten zwischen ihnen liegenden Diagonalen des zugehörigen Kreistangentenvierecks in einen Punkt zusammen.

Beweis.

Verlängert man in der so eben betrachteten Figur noch die Linie HF; so trifft die Verlängerung den Punkt J.

Es ergiebt sich aus dem oben Entwickelten (§. 7.) daß HJ Polare zu K ist. Im vorigen §. ist bewiesen, daß HF Polare zu K ist; also bilden HF und HJ dieselbe Gerade.

Eben so wird auch bewiesen, daß die Verlängerung der Diagonale EG des Tangentenvierecks mit dem Durchschnitt der Seiten AD und BC des Sehnenvierecks zusammentrifft.

§. 10. Erklärung.

Eine gerade Linie, welche durch die Eckpunkte verschiedener in denselben Kreis eingeschriebener Dreiecke geht, heißt Eckensehne der Dreiecke. Wenn zwei solcher Eckensehnen durch vier verschiedene Eckpunkte zweier Dreiecke gelegt sind; so heißen sie getrennte Eckensehnen. Es durchschneiden sich die beiden Seiten des Dreiecks, auf welchem diese Eckpunkte liegen, in einem Punkte, welcher als zugehöriger Seitenpunkt angesehen werden kann.

Erläuterung.

Sind in einen Kreis (Fig. 105.) die beiden Dreiecke ABC und DEF eingeschrieben und sind die Ecken A, D durch eine Gerade AD verbunden; so wird diese Eckensehne genannt. Wenn zwei Eckensehnen AD und FC durch vier verschiedene Punkte gelegt sind; so schneiden sich die zu den vier Eckpunkten A, C, F, D gehörigen Seiten der Dreiecke AC und DF in dem Punkte G. Dies ist dann der zu jenem Eckensehnenpaar gehörige Seitenpunkt.

Eben so ist H der Seitenpunkt zu den Eckensehnen AD und EB, ferner J der Seitenpunkt für die Eckensehnen EB und FC.

§. 11. Lehrsatz.

Wenn die drei getrennten Eckensehnen zweier in einen Kreis eingeschriebenen Dreiecke, gehörig verlängert, ein Dreieck einschließen; so ist jeder Eckpunkt desselben zugleich der Durchschnittspunkt für die Polare des zugehörigen Seitenpunktes und einer Geraden, welche von diesem Seitenpunkte nach dem Pole der Verbindungslinie der anderen beiden Seitenpunkte gezogen werden kann.

Beweis.

Wenn in einen Kreis (Fig. 105.) die Dreiecke ABC, DEF eingeschrieben und die getrennten Eckensehnen AD, CF, EB gezogen sind, die sich verlängert in der

Punkten M, L, K durchschneiden; so durchschneidet sich im Punkte K die Polare zu G mit einer Geraden, welche von G nach dem Pole der Linie HJ gezogen werden kann.

Verlängert man nämlich HJ, bis es die Verlängerung von AF in N schneidet, und zieht noch KN; so ist zunächst ABCDEFA als Sechsseit im Kreise zu betrachten, auf welches der oben (XVI, 13, 1.) ganz allgemein durch die Transversalentheorie bewiesene Satz Anwendung findet, daß die Durchschnitte der Gegenseiten in gerader Linie liegen.

Die Gegenseiten sind hier

AB, DE mit dem Durchschnitt H,

BC, EF mit dem Durchschnitt J,

CD, FA mit dem Durchschnitt N.

Es treffen also die drei Linien HJ, AF, DC in N zusammen.

Nun ist offenbar GK Polare für den Punkt N (XVII, 10.) und da die Polaren der Punkte J, H sich in einem Punkte schneiden, welcher der Pol von NJH ist (XVIII, 6. Anm. 2.); so muß dieser Durchschnittspunkt, also auch der Pol von HJ, auf der Linie GK liegen. Es schneidet sich aber die Polare des Punktes G, nämlich NK, mit der Linie, die durch den Pol von HJ geht, nämlich mit GK, im Punkte K, welches ein Eckpunkt des von den verlängerten Eckensehnen gebildeten Dreiecks ist.

Eben so geht durch L die Polare von J und die Linie welche, J mit dem Pole von HG verbindet, und durch M die Polare von H und die Linie, welche H mit dem Pole von JG verbindet.

§. 12. Aufgabe.

In einen Kreis ein Dreieck einzuschreiben, dessen Seiten durch drei gegebene Punkte gehen.

Auflösung und Beweis.

Sind in einem Kreise (Fig. 106.) die drei Punkte G, H, J gegeben, und soll ein Dreieck eingeschrieben werden, dessen Seiten durch diese Punkte gehen; so sucht man die Polaren zu diesen Punkten OP zu G, PQ zu H, QO zu J.

Durch jeden Eckpunkt des so entstandenen Polarendreiecks OPQ legt man eine gerade Linie nach dem Pole der Gegenseite; also durch Q nach G, welche die Gegenseite in K trifft, eben so durch O nach H, welche die Gegenseite in M trifft, endlich durch P nach J, welche die Gegenseite in L trifft.

Darauf zieht man die Geraden KL, LM, MK, deren jede den Kreis in zwei Punkten schneidet.

Wählt man in derselben Wendung auf jeder Seite des Dreiecks KLM den ersten Punkt, so erhält man die Eckpunkte des Dreiecks CBA, welches der Aufgabe genügt.

Eben so erhält man, wenn man auf jeder Seite die zweiten Punkte wählt, die Eckpunkte des Dreiecks FED, welches gleichfalls die Aufgabe erfüllt.

Der Beweis ergiebt sich aus einer leicht zu erweisenden Umkehrung des vorigen Lehrsatzes (§. 11.).

Da nämlich H der Pol für QP, J der Pol für QO ist; so ist Q der Pol für HJ.

Es liegt also der Punkt K sowohl auf der Polare für G, als auch auf der Verbindungslinie zwischen G und dem Pole von HJ.

In gleicher Weise sind die Punkte L und M bestimmt.

Es ist daher MLK das Dreieck der verlängerten Eckensehnen für die in den Kreis eingeschriebenen Dreiecke ABC und DEF, deren Seiten sich der Reihe nach in den Punkten G, H, J durchschneiden.

Anm. Es giebt noch eine große Zahl von Sätzen und Aufgaben die sich an diese Theorie der Polaren anschließen. Es ist hier nur einer der wichtigeren herausgehoben, um ein Beispiel von der Anwendung dieser Theorie zu geben.

C. Von den Potenzlinien und Potenzpunkten.

§. 13 Erklärung.

Wenn in einer Ebene ein Kreis und ein Punkt gegeben ist; so heißt das Rechteck unter den von diesem Punkte aus auf einer und derselben geraden Linie bis zu den Durchschnitten derselben mit der Peripherie gerechneten Abschnitten, welches bei jeder Richtung der Linie immer dieselbe Flächengröße hat, die **Potenz** des Punktes.

Eine Linie, welche alle Punkte aufnimmt, die für zwei gegebene Kreise dieselbe Potenz haben, heißt **Potenzlinie** (auch **Chordale**) dieser beiden Kreise. Ein Punkt, der für drei Kreise gleiche Potenz hat, heißt der **Potenzpunkt der drei Kreise**.

Es ist aus den früheren Betrachtungen über die Kreissehnen (VIII, 25. 26 ꝛc.) leicht einzusehen, daß von allen Punkten innerhalb des Kreises der Mittelpunkt die größeste Potenz hat, die dem Quadrate des Radius gleich ist, daß ferner die Potenz jedes anderen inneren Punktes kleiner ist als das Quadrat des Radius, und zwar um das Quadrat der Entfernung dieses Punktes vom Mittelpunkte; so daß die Potenz eines Punktes in der Peripherie null ist.

Für jeden Punkt außerhalb der Peripherie ist die Potenz gleich dem Unterschiede der Quadrate des Mittelpunktsabstandes und des Radius; sie wächst also bei zunehmendem Abstande des Punktes bis ins Unbegrenzte.

Anm. Nur diejenigen Linien werden als Potenzlinien (Chordalen), betrachtet, welche sich auf gleichartige Potenzen beziehen, d. h. deren Punkte zugleich außerhalb oder zugleich innerhalb beider Kreise liegen. Ueber die Linien ungleichartiger Potenzen möge hier nur ein Fall behandelt werden.

Sind um A drei concentrische Kreise mit (Fig. 107.) den Radien AB, AC, AD gegeben und ist $AD^2 = \frac{1}{2}(AB^2 + AC^2)$; so ist der Kreis mit dem Radius AD Potenzlinie für die beiden anderen Kreise. Nennt man die Durchschnitte der Durchmesser-Linie BDCA noch E und F; so daß AE = AC, AF = AB; so ist für den Punkt D

1) Die Potenz im Kreise, der BF zum Durchmesser hat, BD.DF;

2) die Potenz im Kreise, der CE zum Durchmesser hat, DE.DC.

Errichtet man in D das Perpendikel DG und zieht den Radius GA; so findet man:

$$BD.DF = DG^2 = GA^2 - AD^2 = AB^2 - \tfrac{1}{2}AB^2 - \tfrac{1}{2}AC^2 = \tfrac{1}{2}AB^2 - \tfrac{1}{2}AC^2.$$

Zieht man von D die Tangente DH und den Radius AH; so ist:

$$DE.DC = DH^2 = DA^2 - AH^2 = \tfrac{1}{2}AB^2 + \tfrac{1}{2}AC^2 - AC^2 = \tfrac{1}{2}AB^2 - \tfrac{1}{2}AC^2.$$

Beide Potenzen sind also gleich.

Was aber für den Punkt D gilt, ist auch für jeden Punkt der Peripherie des Kreises gültig, der AD zum Radius hat.

Es ist also der Kreis mit den Radius AD die Linie ungleichartiger Potenzen für die concentrischen Kreise der Radien AB und AC.

§. 14. Lehrsatz.

Die (gleichartige) Potenzlinie zweier Kreise ist eine gerade Linie, die perpendiculär auf der Centrallinie beider Kreise steht und durch jeden Punkt geht, in welchem sich zwei Secanten schneiden, die beide Kreise mit einem beliebigen dritten gemein haben, von welchem sie durchschnitten werden.

Beweis.

Sind die Kreise um A und B gegeben (Fig. 108.) die aus einander liegen, werden sie von einem beliebigen Kreise geschnitten, der mit dem Kreise um A die Sehne CD, mit dem Kreise um B die Sehne EF gemein hat, treffen diese Sehnen in G zusammen und ist GH ein Perpendikel auf der Centrale AB; so ist GH auch die Potenzlinie beider Kreise.

Zunächst ist in Bezug auf den Kreis CDEF Rechteck GD.GC = GE.GF.

Zieht man die Tangenten GK und GL, nebst den zugehörigen Radien KA und LB, und den Hypotenusen GA und BG; ferner die Tangenten HM und HN mit den zugehörigen Radien AM und BN; so ist

$$GD.GC = GK^2 = GE\,GF = GL^2,$$

also $GK^2 = GL^2$,

oder $GB^2 - BL^2 = GA^2 - AK^2$,

d. i. $BH^2 + GH^2 - BL^2 = HA^2 + GH^2 - AK^2$,

oder $BH^2 - BN^2 = AH^2 - AM^2$,

d. i. $HN^2 = HM^2$.

Es sind also die Potenzen für den Punkt G gleich, eben so die Potenzen für den Punkt H. Daß sie auch für jeden anderen Punkt gleich sind, folgt sehr leicht.

Ist nämlich O ein beliebiger Punkt des Perpendikels GH, und sind die Tangenten OP und OQ gezogen, nebst den zugehörigen Radien AP und BQ; so ist

$HM^2 = HN^2$, wie oben gezeigt,

also $HA^2 - AM^2 = HB^2 - BN^2$,

und $HA^2 - AM^2 + HO^2 = HB^2 - BN^2 + HO^2$,

oder $AO^2 - AP^2 = BO^2 - BQ^2$,

folglich $OP^2 = OQ^2$.

Es sind also auch die Potenzen für den Punkt O gleich.

Anm. 1. Daß für jeden Punkt außerhalb des Kreises das Quadrat der von ihm bis an den Kreis reichenden Tangente die Potenz bezeichnet, ist aus (VIII. 27.) deutlich.

Anm. 2. Der hier geführte Beweis gilt mit denselben Zeichen für Kreise die ganz außer einander liegen; so wie für solche, deren größerer den kleineren ganz einschließt. Berühren sich beide Kreise, so ist die gemeinschaftliche Tangente die Potenzlinie, und durchschneiden sich die Umfänge der Kreise; so ist es die gemeinschaftliche Sehne beider Kreise (daher der Name Chordale. §. 13.). Es hält nicht schwer, die Beweise für diese Fälle aufzufinden.

Anm. 3. Es folgt hieraus, daß die gemeinschaftlichen Sehnen dreier Kreise, von denen je zwei einen Theil ihrer Fläche gemein haben, in einen Punkt zusammentreffen.

Anm. 4. Da $GK^2 = HM^2 + GH^2$ und $OP^2 = HM^2 + HO^2$ ist, wie der Beweis dieses Satzes lehrt; so geht jeder Kreis, dessen Mittelpunkt auf der Potenzlinie, und dessen Radiusquadrat die Potenz dieses Punktes für beide Kreise ist, durch zwei feste Punkte R und S der Centrale AB, die von H den gleichen Abstand HR = HS = HM = HN haben.

Anm. 5. In Bezug auf den Theil der Chordale, welcher die gemeinschaftliche Sehne zweier sich durchschneidender Kreislinien ist, muß bemerkt werden, daß in ihm die Potenzpunkte liegen, welche sich innerhalb beider Kreise auf gleiche Potenzen beziehen. Daher ist hier der Beweis für die Gleichheit derselben aus den Sehnenabschnitten (VIII, 25.) zu führen.

§. 15. Aufgabe.

Den Potenzpunkt für drei gegebene Kreise zu finden.

Auflösung und Beweis.

Sind die drei Kreise A, B, C gegeben; so sucht man die Potenzlinie für A und B, desgleichen für B und C. Der Durchschnitt beider ist der gesuchte Potenzpunkt; wie leicht einzusehen ist.

§. 16. Erklärung.

Aehnlichkeitsaxen dreier Kreise sind diejenigen Geraden, auf welcher drei Aehnlichkeitspunkte derselben liegen, und zwar ist diejenige Gerade, welche drei äußere Aehnlichkeitspunkte enthält, die **äußere** Aehnlichkeitsaxe, diejenige, welche zwei innere Aehnlichkeitspunkte und einen äußeren enthält, eine **innere** Aehnlichkeitsaxe.

Erläuterung.

Es ist schon oben (XVI, 8.) bewiesen worden, daß, wenn drei Kreise (A, B, C, Fig. 64.) gegeben sind, und jeder äußere Aehnlichkeitspunkt bestimmt ist (D für A und B, E für A und C, F für B und C) diese drei Punkte (D, E und F) in gerader Linie liegen. Diese Linie FED ist die **äußere** Aehnlichkeitsaxe der drei Kreise.

Bestimmt man auch die inneren Aehnlichkeitspunkte, d für A und B, e für A und C, f für B und C, so lassen sich auch gerade Linien durch Def, Edf, Fed legen, welche die **inneren** Aehnlichkeitsaxen sind.

Der Beweis dafür, daß die hier genannten Punkte in gerader Linie liegen, ergiebt sich eben so einfach, wie für die Punkte F, E, D. Es folgt nämlich aus der Proportionalität der Mittelpunktsabstände für die Aehnlichkeitspunkte und der Radien, daß

Fed transv. CAB, Efd transv. CBA, und Dfe transv. BCA ist.

Anm. 1. Berühren sich zwei Kreise von Außen; so ist der Berührungspunkt zugleich der innere Aehnlichkeitspunkt. Berühren sie sich von Innen; so ist der Berührungspunkt der äußere Aehnlichkeitspunkt.

Anm. 2. Hieraus folgt, daß, wenn zwei Kreise von einem dritten berührt werden, die durch beide Berührungspunkte gelegte Gerade eine Aehnlichkeitsaxe ist.

Werden zwei Kreise von dem dritten ausschließend berührt; so geht die Gerade, welche beide Berührungspunkte verbindet, durch zwei innere Aehnlichkeitspunkte, muß also auch den dritten äußeren treffen.

Werden zwei Kreise von dem dritten einschließend berührt, so geht die Verbindungslinie der Berührungspunkte durch zwei äußere Aehnlichkeitspunkte muß also auch den dritten Aehnlichkeitspunkt treffen.

In diesen beiden Fällen ist also diese Linie äußere Aehnlichkeitsaxe der drei Kreise.

Berührt aber der dritte Kreis den einen einschließend den andern ausschließend; so geht die Verbindungslinie der Berührungspunkte durch einen äußeren und einen inneren Aehnlichkeitspunkt, muß also noch einen inneren treffen.

In diesem Falle ist es also eine innere Aehnlichkeitsaxe.

Man wird dies durch geeignete Figuren leicht anschaulich machen können.

Anm. 3. Zur Ergänzung der Lehre von den Aehnlichkeitspunkten dreier Kreise sei hier noch erwähnt, daß 1) die drei Linien, deren jede den Mittelpunkt eines Kreises mit dem inneren Aehnlichkeitspunkt der anderen beiden verbindet, in einen Punkt zusammentreffen; und daß auch 2) dies mit den drei Geraden geschieht, unter denen eine den Mittelpunkt eines Kreises mit dem ihm nicht zugehörigen inneren Aehnlichkeitspunkt, jede der andern beiden aber einen andern Mittelpunkt mit dem nicht zugehörigen äußeren Aehnlichkeitspunkt verbindet.

Daß nämlich (Fig. 64.) die Geraden Af, Be, Cd in einen Punkt zusammentreffen, daß dies auch mit den Geraden Af, BE, CD geschieht, ergiebt sich leicht durch die oben erwähnte Proportionalität und Anwendung des Lehrsatzes der Transversalentheorie (XVI, 7.) auf die Wechselabschnitte des Dreiecks ABC.

§. 17. Lehrsatz

Wenn zwei Kreise von einem dritten gleichartig berührt werden, so wird der Berührungskreis durch die Potenzlinie der berührten Kreise in Abschnitte getheilt, die den Abschnitten ähnlich sind, in welche die berührten Kreise durch ihre äußeren Aehnlichkeitspolaren getheilt werden. Werden aber zwei Kreise von einem dritten ungleichartig berührt, so wird der Berührungskreis durch die Potenzlinie der berührten Kreise in Abschnitte getheilt, die den Abschnitten ähnlich sind, in welche die berührten Kreise durch ihre inneren Polaren getheilt werden.

Beweis.

Werden die beiden Kreise um A und B (Fig. 109.) von dem dritten Kreise um C gleichartig berührt, nämlich beide von dem Berührungskreise, (wie in der Figur,) ausgeschlossen oder beide eingeschlossen; so trifft die Verbindungslinie der Berührungspunkte DE den äußeren Aehnlichkeitspunkt F der Kreise A und B, und schneidet außerdem den Kreis A in G, den Kreis B in H. Sucht man nun zu GD den Pol a, zu DE den Pol c, zu EH den Pol b; so treffen die Tangenten von A zu den Punkten D und G in a, die Tangenten von C zu den Punkten D und E in c, die Tangenten von B zu den Punkten E und H in b zusammen. Da aber die Tangenten zugleich Polaren der Berührungspunkte sind und die Polaren von G, D und F, welche in gerader Linie liegen, in denselben Punkt zusammentreffen; so geht die äußere Aehnlichkeitspolare des Kreises A durch den Punkt a und: da sie senkrecht auf der Centrallinie steht; so ist das Perpendikel aa' die äußere Aehnlichkeitspolare des Kreises A. Eben so wird gezeigt, daß das Perpendikel bb' die äußere Aehnlichkeitspolare des Kreises B ist. Da nun die Tangente CD der Tangente CE gleich ist; so ist C ein Punkt gleicher Potenz für die Kreise A und B, also das Perpendikel cc' auf der Centrale die Potenzlinie beider Kreise A und B.

Da nun Winkel $GaD = DcE = EbH$;

so haben die Berührungskreise A, B, C zwischen ihren Tangenten eine ähnliche Lage, und

da auch $cc' \ddagger aa'$ und $cc' \ddagger bb'$ ist;

so ist auch Winkel $c'ca = caa'$ so wie $c'cb = cbb'$.

Daher haben auch die Linien aa', cc', bb' in ihren Kreisen eine ähnliche Lage und die Abschnitte der Kreise A und C, welche an dem Berührungspunkte D anliegen, sind einander ähnlich; so wie auch die Abschnitte der Kreise C und B, welche an dem Berührungspunkte E anliegen.

Werden hingegen (Fig. 110.) die Kreise A und B von dem Kreise C ungleichartig berührt, so daß z. B. wie in der Zeichnung A eingeschlossen und B ausgeschlossen wird; so geht die Verbindungslinie der Berührungspunkte DE durch den inneren Aehnlichkeitspunkt der Kreise A, B, durch F, und trifft zugleich den Kreis A in G, und den Kreis B in H. Es lassen sich nun, wie im ersten Falle, die Pole a zu DG, b zu EH und c zu DE aufsuchen; und es sind auch die von ihnen auf die Centrale AB gefällten Perpendikel aa', bb' die inneren Aehnlichkeitspolaren der Kreise A und B; so wie das Perpendikel cc' die Potenzlinie beider Kreise ist und ebenfalls den Berührungskreis c in Abschnitte theilt, die mit den durch die Polaren gebildeten Abschnitten jener beiden Kreise ähnlich sind.

§ 18. Lehrsatz.

Wenn drei Kreise von einem vierten berührt werden, so stimmt die Lage des gemeinsamen Potenzpunktes derselben in diesem Kreise genau überein mit der Lage der Pole einer und derselben Aehnlichkeitsaxe in jedem der drei Kreise: und zwar mit den Polen der äußeren Aehnlichkeitsaxe; wenn die drei Kreise gleichartig berührt werden; werden sie aber ungleichartig berührt mit den Polen derjenigen Aehnlichkeitsaxe, welche durch den äußeren Aehnlichkeitspunkt derjenigen zwei Kreise geht, die von dem vierten gleichartig berührt werden.

Beweis.

Werden (Fig. 111.) die drei Kreise A, B, C, deren äußere Aehnlichkeitsaxe MNP ist, von dem Kreise D gleichartig berührt; so sind die Aehnlichkeitspolaren für den Punkt M, nämlich aa', bb', parallel und gleichliegend mit ihrer Potenzlinie dd' im Kreise D (nach §. 17.); eben so sind die Aehnlichkeitspolaren für den Punkt N, nämlich ee' und ff', parallel und gleichliegend mit ihrer Potenzlinie gg' im Kreise D; endlich sind auch die Aehnlichkeitspolaren für den Punkt P, nämlich hh' und kk', parallel und gleichliegend mit der Potenzlinie der Kreise B und C, nämlich mit ll'. Da nun ähnlich liegende Linien ähnlich liegende Durchschnitte haben; so sind auch die Durchschnitte α, für aa' und ee', β für bb' und hh', γ für ff' und kk' gleichliegend mit δ für cc', gg', und ll'.

Werden (Fig. 112.) die Kreise A und B gleichartig, der dritte C aber ungleichartig berührt; so ist diejenige innere Aehnlichkeitsaxe in Betracht zu ziehen, welche durch den äußeren Aehnlichkeitspunkt M der Kreise A und B geht. In Bezug auf diese liegen dann in der entsprechend bezeichneten Figur die Punkte α, β, γ in den berührten Kreisen gleichliegend mit dem Punkte δ in dem berührenden Kreise.

Daß aber in beiden Fällen α, β, γ die Pole für die Aehnlichkeitsaxe MNP sind, folgt einfach daraus, daß jeder derselben ein Durchschnitt der Polaren für zwei der Punkte M, N, P ist, die in gerader Linie liegen (XVIII, 6. Anm. 2.).

Anm. Da jede Linie, welche zwei gleichliegende (homologe) Punkte zweier Kreise mit einander verbindet, durch den Aehnlichkeitspunkt beider Kreise geht; da ferner die Berührungspunkte zweier Kreise Aehnlichkeitspunkte derselben sind; so werden auch die Linien $\delta\alpha$, $\delta\beta$, $\delta\gamma$, die von dem Potenzpunkte der berührten Kreise nach den Polen der Aehnlichkeitsaxe in denselben gezogen sind, durch die Berührungspunkte gehen.

§. 19. Aufgabe.

Einen Kreis zu finden, der drei gegebene Kreise berührt.

Auflösung und Beweis.

Soll der gesuchte Kreis die gegebenen gleichartig berühren, so verbinde man den gemeinsamen Potenzpunkt derselben (δ in Fig. 111.) mit den Polen der äußeren Aehnlichkeitsaxe (α, β, γ in Fig. 111.). Durch die Durchschnitte dieser Verbindungslinien werden an jedem Kreise zwei Berührungspunkte bestimmt, einer derselben gehört dem einen, der andere dem andern der zwei Berührungskreise an. Diejenigen drei, durch welche ein Kreis gelegt werden kann, der alle drei Kreise einschließt, bestimmen den einen dieser Berührungskreise, die anderen drei, durch welche ein Kreis gelegt werden kann, der alle drei Kreise ausschließt, bestimmen den andern, der dieser Aufgabe genügt.

Soll der gesuchte Kreis nur zwei der gegebenen gleichartig berühren; so wählt man zur Bestimmung der Pole (α, β, γ in Fig. 112.) diejenige innere Aehnlichkeitsaxe, welche durch den Aehnlichkeitspunkt dieser beiden Kreise geht. Die Geraden durch jeden dieser Punkte und den Potenzpunkt (δ) bestimmen dann wieder zwei Punkte an jedem Kreise, unter denen einer für den diesen Kreis einschließend, der andere für den ihn ausschließend berührenden Kreis gehört. Es sind also auch hier die beiden Kreise leicht zu finden.

Anm. In den meisten Fällen sind daher 8 Kreise möglich, die wir bezeichnen durch

1. (ABC)	2.)ABC(	3. (AB)C	4.)AB(C
5. (BC)A	6.)BC(A	7. (AC)B	8.)AC(B;

indem die Buchstaben A, B, C die Mittelpunkte, und die Klammerstriche das Einschließen oder Ausschließen bezeichnen.

§. 20. Aufgabe.

Einen Kreis zu finden, der zwei gerade Linien und einen Kreis berührt.

Auflösung und Beweis.

Sind die geraden Linien AB und CD gegeben und ein Kreis D (Fig. 113.); so beschreibe man um D ein Parallelogramm $\alpha\beta\gamma\delta$, dessen Seiten den gegebenen Linien parallel sind ($\alpha\beta$ ‡ AB, $\gamma\delta$ BC), und verbinde jeden Eckpunkt dieses Parallelogramms mit dem Durchschnittspunkt E der geraden Linien DC und AB. Dadurch entstehen 8 Durchschnitte in der Peripherie des Kreises. Jeder dieser Durchschnittspunkte genügt der Aufgabe. Ein Kreis durch denselben so gelegt, daß er beide Geraden berührt, ist auch ein Berührungskreis des gegebenen Kreises.

Die Mittelpunkte der Kreise liegen alle auf der Halbirungslinie des Winkels CEA und werden leicht gefunden; wenn man von dem Mittelpunkt des gegebenen Kreises D durch einen auf seiner Peripherie bestimmten Berührungspunkt F eine Linie KF zieht, welche sich mit der Halbirungslinie jenes Winkels in einem Punkte G schneidet. Dieser Punkt G ist dann der gesuchte Mittelpunkt.

Die Richtigkeit der Construction ergiebt sich aus folgender Betrachtung.

Die Geraden AB, CD, können als Peripherien unendlich großer Radien angesehen werden: dann ist die vorhergehende Aufgabe (§. 49.) mit richtiger Anwendung der Begriffe zu lösen.

Wenn man eine gerade Linie als Kreislinie ansieht; so fallen alle ihre Tangenten mit ihr zusammen (als Winkelrechte auf den Radien, die unendlich lange Perpendikel auf der als Peripherie betrachteten Geraden sind). Daher ist ihr Durchschnittspunkt, hier E, auch als Durchschnittspunkt gleicher Tangenten von beliebiger Größe zu betrachten; folglich ist E der gemeinschaftliche Potenzpunkt für AB, CD und den Kreis K. Fällt man von K auf AB und CD die Perpendikel KH, KJ, so bestimmen diese in ihren Durchschnitten mit dem Kreise die Aehnlichkeitspunkte M, M', N, N', denn die Endpunkte des senkrechten Durchmessers sind Aehnlichkeitspunkte für die gerade Linie und den Kreis.

Es sind daher auch die Sehnen MN, MN', NM', M'N' als Aehnlichkeitsaxen anzusehen, deren Pole in α, β, γ, δ liegen. Die Auflösung stimmt also genau mit der im vorigen §. gegebenen überein.

Anm. Die Theorie von den Polaren und Aehnlichkeitsaxen ist in diesem Abschnitte bis zur Andeutung der Lösung von Berührungsaufgaben fortgeführt worden. Es wird nicht schwer, in derselben Weise, wie hier die gerade Linie als Kreis betrachtet ist, auch einen Punkt als Kreis anzusehen, und die dazu gehörigen Aehnlichkeitsaxen und Polaren zu bestimmen; so daß mit Hülfe der voranstehenden Sätze eine große Anzahl solcher Aufgaben gelöst werden kann. Als Uebungsaufgabe mag hier noch der eigenen Lösung überlassen bleiben: den Berührungskreis zu zwei Kreisen und einer geraden Linie zu finden.

Anhang zum zweiten Cursus.

Uebungsaufgaben enthaltend.

Vorbemerkung.

Da auch in diesem Anhange eine hinreichende Anzahl von Uebungsaufgaben zusammengestellt werden soll, die zum Theil schwierig zu lösen sind; so mag im Allgemeinen über die Lösung geometrischer Aufgaben Einiges bemerkt werden.

In jeder geometrischen Aufgabe hat man zu unterscheiden das Gegebene und das Gesuchte. Die Ableitung des Gesuchten aus dem Gegebenen ist die Lösung der Aufgabe, und die auf sichere Schlußfolge sich stützende Entwicklung der Richtigkeit des Verfahrens ist der Beweis.

Zur Auflösung einer Aufgabe führen verschiedene Wege.

1) Der erste und einfachste ist die Anwendung eines bekannten Satzes auf einen bestimmten Fall.

Ist z. B. die Aufgabe gestellt.

Ein Dreieck zu construiren, wenn eine Seite desselben und die von den Endpunkten derselben auf die Mitten der Gegenseiten gezogenen begrenzten Geraden gegeben sind;

so erinnert man sich bald des Satzes im 16. Abschn. §. 8, 2 und wird dadurch auf die Auflösung geleitet, von jeder der beiden gegebenen Geraden zwei Drittheile abzuschneiden und mit diesen Abschnitten über der gegebenen Seite ein Dreieck zu construiren, dann über diejenige Winkelspitze des Dreiecks hinaus, die der gegebenen Seite gegenüberliegt, jede der andern Seiten um ihre eigene Hälfte zu verlängern und durch die Endpunkte der Verlängerungen von den entsprechenden Eckpunkten der gegebenen Seiten gerade Linien zu ziehn, welche sich in einem Punkte schneiden und das gesuchte Dreieck begrenzen müssen.

2) Nächstdem ist förderlich das Aufsuchen eines Satzes, der sich auf die gegebene Aufgabe anwenden läßt.

Liegt z. B. die Aufgabe vor

Ein Dreieck zu construiren, wenn der Unterschied zweier Seiten, der Unterschied ihrer Gegenwinkel und die dritte Seite gegeben sind;

so wird man in der Auflösung schnell gefördert; wenn man einen Satz entdeckt, der sich aus einer früher gegebenen Beweisführung (XIV, 9.) leicht ergiebt, und der folgendermaaßen lautet:

Wenn von zwei ungleichen Seiten eines Dreiecks die größere so getheilt ist, daß ein Abschnitt derselben der anstoßenden Seite gleich ist; so theilt die von dem Theilpunkte nach der Spitze des Gegenwinkels gezogene Gerade diesen dergestalt, daß der dem entstandenen gleichschenkligen Dreiecke zugehörige Bestandtheil die halbe Summe, der andere die halbe Differenz der den ungleichen Seiten im Dreieck gegenüberliegenden Winkel ist.

Man wird dann leicht erkennen, daß ein Dreieck zu construiren ist, zu dem zwei Seiten und der Gegenwinkel der kleineren bekannt sind.

Aus dem so construirten Dreieck wird man dann leicht das Gesuchte ableiten.

Da aber zwei Dreiecke für die angegebenen Bestimmungen möglich sind (IV, 23. Anm. 1.); so wird man auch zwei Auflösungen erhalten.

Es wird sich aber die Congruenz der beiden auf diesem Wege zuletzt gefundenen Dreiecke darthun lassen; woraus hervorgeht, daß beide Constructionen zu demselben Ziel fuhren.

3) Großen Vortheil gewährt oft die Kenntniß der geometrischen Oerter.

Unter einem geometrischen Orte versteht man in der Geometrie der Ebene eine Linie, die alle Punkte aufnimmt, die denselben Voraussetzungen entsprechen.

So ist z. B.

a) der Kreis der geometrische Ort für alle Punkte in einer Ebene, die von einem Punkte in derselben gleichen Abstand haben (II, 22.).

b) Ein Kreis ist der geometrische Ort, für alle Spitzen der Dreiecke über derselben Grundlinie, die einen gleichen Winkel an der Spitze haben (XVIII, 15. Zusatz a).

c) Ein Kreis ist der geometrische Ort für die Spitzen aller Dreiecke über derselben Grundlinie, deren Seiten dasselbe Verhältniß haben (XVII, 9.).

d) Ein Kreis ist der geometrische Ort für die Mitten aller geraden Linien gleicher Länge, die zwischen den Schenkeln desselben rechten Winkels als Hypotenusen liegen.

e) Ein Kreis ist der geometrische Ort für die Mittelpunkte aller Rhomben, die an derselben geraden Linie construirt werden können.

Eben so ist

α) die gerade Linie der geometrische Ort für die Spitzen der Dreiecke von gleicher Fläche und gleicher Grundlinie;

β) für die Spitzen aller gleichschenkligen Dreiecke über derselben Grundlinie;

γ) für alle Punkte, die von zwei geraden Linien in der Ebene gleichen Abstand haben.

δ) für die zusammenfallenden Spitzen gleichflächiger Dreiecke, deren Grundlinie eine gegebene Lage und eine gegebene Größe haben.

ε) für diejenigen Punkte von denen sich gleiche Tangenten an zwei verschiedene Kreise legen lassen (XVIII, 15.).

Es sind hier nur einige Fälle angeführt, in denen sowohl der Kreis als auch die gerade Linie als geometrischer Ort in der Ebene erscheint.

Wäre nun z. B. die Aufgabe gestellt.

Ueber einer gegebenen Grundlinie ein Dreieck zu construiren, dessen Nebenseiten ein gegebenes Verhältniß haben, und in dem der Winkel an der Spitze eine vorgeschriebene Größe hat;

so findet man die Spitze desselben als Durchschnitt zweier Kreise, welche geometrische Oerter (b und c) sind.

4) Da die geometrischen Größen vielfach in Beziehung zu einander stehen; so ist mit einer jeden zugleich eine große Anzahl anderer damit zusammenhangender gegeben. Die genaue Aufsuchung alles dessen, was in einer Aufgabe zunächst unmittelbar, und dadurch mittelbar gegeben ist, führt in den meisten Fällen zur richtigen Lösung derselben.

Wenn z. B. ein Kreis der Lage nach gegeben ist; so ist auch der Mittelpunkt desselben der Lage nach, die Länge des Durchmessers aber der Größe nach gegeben; eben so ist die Länge einer Sehne gegeben, die von dem Mittelpunkt einen gegebenen Abstand hat.

Wenn ein Winkel gegeben ist; so ist jeder geometrisch darstellbare (IX, 1.) Theil desselben der Größe nach gegeben.

Wenn eine gerade Linie der Lage nach gegeben ist; so ist auch jede andere Linie der Lage nach gegeben, die durch einen bestimmten Punkt geht, und einen gegebenen Winkel mit der gegebenen Linie einschließt.

Wollte man z. B. die Aufgabe lösen:

Einen Punkt X außerhalb zweier Kreise um C und K zu finden, in welchem sich die Tangenten an beide Kreise unter einem gegebenen Winkel schneiden, wobei zugleich die Tangente an einen Kreis (um C) eine gegebene Größe (a) hat; so ist, da die Kreise um C und K gegeben sind, auch die Centrale CK und der Radius jeder dieser Kreise, r für C und ρ für K, gegeben. Wird der gesuchte Berührungspunkt von C mit Y, von K mit Z bezeichnet; so ist also CY gegeben, auch XY, also auch XC, also auch Winkel YXC, also auch Winkel CXZ, weil YXZ gegeben ist; also auch das Perpendikel von C auf XZ, welches CV heißen mag, also auch der Punkt W, wo die Parallele von K mit ZX dies Perpendikel trifft, also auch das rechtwinklige Dreieck CWK.

Wenn man dies Dreieck aus seinen gegebenen Bestandtheilen über der Hypotenuse CK construirt; dann CW um ϱ verlängert, bis V, durch V eine Tangente an den Kreis um K legt; so ist die eine dieser Tangenten gefunden, legt man nun noch an VC den gegebenen Winkel VCX, so ist der Punkt X gefunden.

Ob man die mit den unmittelbar gegebenen Größen mittelbar zugleich mitgegebenen einzeln für sich oder in einer zusammenhängenden Construction darstellt, ist für die Lösung der Aufgabe zwar gleichgültig: es ist aber jederzeit eine einfache zusammenhängende Construction vorzuziehn.

In dem vorliegenden Falle lege man an einen beliebigen Punkt des Kreises um C, an A, eine Tangente AB, mache sie gleich a, so daß AB = a, verbinde B mit C, lege an AB den gegebenen Winkel α, also ABD = α, so daß BC zwischen den Schenkeln dieses Winkels liegt, fälle von C auf BD das Perpendikel CE und schneide von EC das Stück EF = ϱ ab, beschreibe über CK einen Halbkreis, lege dahinein die Sehne CW = CF; so ist W gefunden, also das Dreieck CWK, von welchem die Construction nach den oben gegebenen Andeutungen weiter auszuführen ist.

5) Die Behandlung der letzten Aufgabe hat schon darauf geführt, was im Allgemeinen unter **geometrischer Analysis** verstanden wird.

Es ist dies ein Verfahren, bei welchem man die Aufgabe schon als gelöst annimmt und nun untersucht, auf welche Weise etwa das Gegebene schon das Gesuchte in sich schließt, oder wie sich durch Anwendung bekannter Sätze der Uebergang von dem Gegebenen auf das Gesuchte darstellen läßt.

Es ist dies Verfahren demjenigen entsprechend, welches in der Algebra bei der Lösung der Gleichungen angewendet wird, indem man das Gesuchte gleich von vorn herein mit allgemeinen Zeichen (x, y, z) in den Ansatz bringt, und durch bekannte Verfahrungsweisen die Beziehungen, in denen eine der unbekannten zu den bekannten steht, entwickelt.

Als Beispiel möge hier noch folgende Aufgabe durchgeführt werden.

Ein Dreieck ABC durch eine Gerade CD so zu theilen, daß die eingeschriebenen Kreise beider Theildreiecke gleich sind.

Man setze die Aufgabe als gelöst voraus. Der Mittelpunkt des Kreises in ACD sei E, in CDB sei er F. Zieht man dann EF, EC, CF; so ist EC Halbirungslinie des Winkels ACD, und FC Halbirungslinie des Winkels DCB; folglich ist Winkel ECF = $\frac{1}{2}$ACB, also bekannt; ferner ist EF ‡ AB, da die Radien beider Kreise auf AB perpendikulär stehen und gleich sind. Es treffen sich aber die Halbirungslinien der Winkel CAD und CBD d. i. AE und BF in einem Punkte G, der als Mittelpunkt des im Dreieck ABC eingeschriebenen Kreises bekannt ist.

Zieht man nun aus A und B Parallelen mit EC und FC, die in H treffen; so liegt H auch auf GC;

denn es ist GC : GH = GE : GA
GE : GA = GF : GB
GF : GB = GC : GH.

Da nun auch Winkel AHB = ECF = $\frac{1}{2}$ACB sein muß; so liegt der Punkt H in dem Bogen eines Kreisabschnittes über AB, der diesen Winkel faßt; da er aber auch auf GC liegt; so ist er der Durchschnitt jenes Bogens und dieser Geraden.

Es kann also der Punkt H gefunden, das Dreieck HAB construirt werden. Dann ist aber auch E gefunden, weil CE‡HA und AE Halbirungslinie des Winkels CAB ist. Eben so ist auch F gefunden.

Da nun HD gemeinschaftliche Tangente der Kreise um E und F ist, deren Radien gleich sind; so wird auch EF durch HD in K halbirt werden. Es ist also der Punkt H und der Punkt K bekannt, also auch die Linie HD.

Nach dieser Analysis läßt sich Construction und Beweis leicht angeben.

Wenn man die Analysis für folgende ähnlich scheinende Aufgabe sucht:

Ein beliebiges Dreieck durch eine gerade Linie, welche durch die Spitze desselben geht, in zwei Dreiecke zu theilen, deren umschriebene Kreise gleich sind;

so ergiebt sich bald, daß dies nur bei gleichschenkligen Dreiecken, bei diesen aber auf unzählige Weise möglich ist.

Uebungsaufgaben.

Fortsetzung des im ersten Cursus begonnenen Anhangs.

322. Lehrsatz. Um ein Paralleltrapez, dessen nicht parallele Gegenseiten gleich sind, läßt sich ein Kreis beschreiben (VIII, 28. 2.).

Anm. Linien, welche solche Lage haben, wie diese gleichen Gegenseiten, heißen antiparallel. Ein solches Trapez hat auch den Namen Antiparallelogramm.

323. Aufgabe. Ein Antiparallelogramm zu construiren; wenn die Summe der Diagonalen, das Verhältniß der parallelen Gegenseiten und der Umfang gegeben ist.

324. In ein gleichseitiges Dreieck ein anderes einzulegen, dessen Seiten die Seiten des gegebenen unter bestimmten Winkeln (z. B. rechten) durchschneiden.

325. Lehrsatz. Wenn man von der Spitze eines gleichschenkligen Dreiecks eine gerade Linie nach einem Punkte auf der Grundlinie oder deren Verlängerung

legt; so ist das Rechteck zwischen der Summe dieser Linie mit dem Schenkel und der Differenz derselben von dem Schenkel, dem Rechteck zwischen den entstandenen Abschnitten der Grundlinie gleich.

326. Lehrsatz. Wenn sich in einem Viereck die Diagonalen rechtwinklig schneiden; so sind die Summen der Quadrate je zweier Gegenseiten einander gleich. Schneiden sich zwei Gegenseiten in ihrer Verlängerung rechtwinklig; so ist die Summe der Quadrate des anderen Seitenpaares der Summe der Quadrate der Diagonalen gleich.

327. Lehrsatz. Wenn in einem Dreieck ein Winkel halb (doppelt) so groß ist wie die Summe der beiden anderen; so ist das Quadrat der Gegenseite dieses Winkels um das Rechteck zwischen den beiden anderen Seiten kleiner (größer) als die Summe der Quadrate dieser Seiten.

328. Lehrsatz. Zwei Dreiecke, deren Grundlinien auf derselben Geraden liegen, sind flächengleich; wenn diejenigen Dreiecke parallele Seiten haben, welche entstehen, wenn man die Spitze jedes der gegebenen Dreiecke als zur Grundlinie des anderen gehörig betrachtet.

329. Aufgabe. Ueber einen beliebig begrenzten Abschnitt der Verlängerung einer Dreiecksseite, ein Dreieck zu construiren, das dem gegebenen flächengleich ist.

330. Lehrsatz. Wenn zwei Gegenseiten eines beliebigen Vierecks Grundlinien zweier Dreiecke sind, zu denen die Mittepunkte der Gegenseiten als Spitzen gehören; so sind beide Dreiecke zusammengenommen dem Viereck flächengleich.

331. Lehrsatz. Das Vierfache der Quadrate über den drei Geraden, welche die Spitzen eines Dreiecks mit den Mittepunkten ihrer Gegenseiten verbinden, ist dreimal so groß als die drei Quadrate über den Seiten des Dreiecks.

332. Lehrsatz. Wenn man in einem Fünfeck jeden Eckpunkt mit der Mitte der drei nicht an ihn anstoßenden Seiten durch eine Gerade verbindet; so ist die vierfache Summe der Quadrate aus allen mittleren Linien kleiner als die vierfache Summe der übrigen so gezogenen Geraden, und der Unterschied beträgt das dreifache der Quadrate aller fünf Seiten.

333. Zusatz. Derselbe Unterschied zeigt sich bei jedem Vieleck von ungerader Seitenzahl, wenn man das Vierfache der Quadrate aus denjenigen Geraden, die von einer anstoßenden Seite aus gerechnet, die zweite, vierte, sechste u. s. w. (d. i. eine gerade) Stelle einnehmen, von den Quadraten derer abzieht; die, eben so gezählt, die erste, dritte, fünfte (d. i. eine ungerade) Stelle einnehmen.

334. Lehrsatz. Wenn man von jeder Ecke eines Vielecks von gerader Seitenzahl gerade Linien nach den Mitten der nicht anstoßenden Seiten zieht; und diese der Reihe nach an jeder Ecke als geradzählige und ungeradzählige unterscheidet; so ist die Summe der Quadrate über den geradzähligen gleich der Summe der Quadrate über den ungeradzähligen.

335. Lehrsatz. Wenn man in einem Sechseck alle von einer Winkelspitze ausgehenden Seiten und Diagonalen halbirt, und je zwei Mittepunkte durch eine Gerade verbindet; so ist die Summe der Quadrate dieser Geraden der Summe der Quadrate aller Seiten des Sechsecks gleich.

336. Lehrsatz. Verfährt man eben so in einer Figur von n Seiten; so ist die Summe der Quadrate aus den Mittelinien (n—2) mal so groß als die Summe der Quadrate aus den Seiten.

337. Aufgabe. Ein Parallelogramm zu construiren, das mit einem gegebenen gleichen Inhalt, mit einem andern gegebenen gleichen Umfang hat.

338. Lehrsatz. Die Halbirungslinien der Innenwinkel (Außenwinkel) eines Rechtecks schließen ein Quadrat ein, dessen Fläche halb so groß ist wie das Quadrat des Unterschiedes (der Summe) beider Rechtecksseiten.

339. Lehrsatz. Wenn aus den Mitten der drei Seiten eines Dreiecks Linien nach einem beliebigen Punkt gezogen sind; so schneiden sich drei Linien aus den Eckpunkten des Dreiecks, deren jede mit der Linie durch den Mittepunkt der Gegenseite parallel ist, auch in einem Punkte.

340. Zusatz zum vorigen. Die Durchschnittspunkte der Linien aus den Ecken und Linien aus den Mitten, liegen in gerader Linie mit dem Durchschnittspunkte der Linien, die aus den Ecken nach den Mitten der Gegenseiten gezogen sind, und die Abstände dieses Punktes von jenen beiden verhalten sich wie 2 : 1.

341. Lehrsatz. Ein Viereck ist einem Dreiecke flächengleich, das zur Grundlinie eine Seite des Vierecks hat, zur Höhe die vierte Proportionale für die drei Perpendikel, die von dem Durchschnitte der Diagonalen und von den nicht auf der angenommenen Grundlinie liegenden Eckpunkten der Figur auf diese Grundlinie gefällt sind.

342. Aufgabe. Durch einen Pentagonalstern eine gerade Linie zu legen, die einer gegebenen parallel ist, und einen genau bestimmten Theil der Fläche abschneidet.

343. Aufgabe. Ein Quadrat und zugleich seine Diagonale durch zwei gerade Linien in drei gleiche Theile zu theilen.

344. Lehrsatz. Wenn in einem Sehnenviereck die Verlängerung einer Diagonale mit den Tangenten von den Endpunkten der anderen in einem Punkte zusammentrifft; so ist das Rechteck zweier Gegenseiten dem Rechteck der anderen flächengleich.

345. Aufgabe. Eine Dreiecksseite so zu theilen, daß das Rechteck jedes Abschnitts der getheilten Seite und der anstoßenden ungetheilten gleich ist.

346. Lehrsatz. Wenn die Abschnitte einer getheilten Dreiecksseite sich wie die anliegenden Seiten verhalten; so verhalten sich die von dem Theilungspunkte auf diese Seiten gefällten Perpendikel umgekehrt wie die Quadrate derselben.

347. Lehrsatz. Die Linien, von den Winkelspitzen eines Dreiecks gezogen, welche das Dreieck in zwei umfangsgleiche Dreiecke theilen, schneiden sich in einem Punkte.

348. Aufgabe. Durch drei sich in einem Punkte schneidende gerade Linien eine vierte zu legen, die durch einen gegebenen Punkt geht und deren Abschnitte zwischen jenen Linien ein gegebenes Verhältniß haben.

349. Lehrsatz. Wenn zwischen den Schenkeln eines Winkels zweier Kreistangenten eine dritte Kreistangente liegt, und von den Durchschnittspunkten derselben mit den ersteren gerade Linien nach dem Mittelpunkte des Kreises gezogen sind; so ist der dadurch entstandene Centriwinkel das Complement des halben Tangentenwinkels.

350. Lehrsatz. Wenn drei Punkte einer geraden Linie als drei Abschnitte auf derselben bildend betrachtet werden, so daß zwischen dem ersten und zweiten Punkt der erste Abschnitt, zwischen dem zweiten und dritten Punkte der zweite Abschnitt, zwischen dem dritten und ersten Punkte der dritte Abschnitt gezählt wird; wenn ferner von diesen drei Punkten gerade Linien nach einem einzigen Punkte außerhalb der Geraden, auf welcher sie liegen, gezogen sind; so ist das Quadrat der ersten Linie mit dem zweiten Abschnitt multiplicirt, weniger dem Quadrate der zweiten Linie, mit dem dritten Abschnitt multiplicirt, so groß wie das Produkt aller drei Abschnitte, weniger dem Quadrate der dritten Linie mit dem ersten Abschnitt multiplicirt.

351. Aufgabe. An drei Punkte eines Kreisumfanges Berührungskreise zu legen, die sich unter einander berühren.

352. Lehrsatz. Wenn ein Dreieck durch eine von einer Winkelspitze gezogene Transversale in zwei ähnliche Dreiecke getheilt wird; so ist es ein rechtwinkliges Dreieck. (Sind die Dreiecke aber congruent; so ist es ein gleichschenkliges.)

353. Aufgabe. Von einem Punkte eines Kreisumfanges eine Sehne zu ziehen, die von einer der Größe nach gegebenen Sehne halbirt wird.

354. Lehrsatz. Wenn man nach irgend einem Punkte innerhalb eines Dreiecks von den Winkelspitzen aus Linien zieht, jede derselben um ihre eigene Größe verlängert; so sind die Endpunkte dieser Verlängerungen die Eckpunkte eines Dreiecks, das dem gegebenen congruent ist.

355. Lehrsatz. Wenn man von irgend einem Punkte auf drei zusammenstoßende Diagonalen eines regulären Sechsecks Perpendikel fällt; so ist eines derselben so groß, wie die anderen beiden zusammen.

356. Lehrsatz. Wenn man von einem Punkte außerhalb der Diagonalen eines regulären Zehnecks, Vierzehnecks, Achtzehnecks ꝛc. Perpendikel auf dieselben fällt; so ist die Summe der abwechselnd liegenden gleich der Summe der anderen.

357. Lehrsatz. Alle Sehnen eines Kreises zwischen den Berührungspunkten solcher Tangentenpaare, deren Durchschnittspunkte in gerader Linie liegen, schnei- sich in einem Punkte.

358. Frage. Weshalb schneiden sich in der Figur (62. Taf. IV. des ersten Cursus), welche zum Beweise des pythagorischen Lehrsatzes dient, die Hülfslinien CE und AF mit dem Perpendikel BL in einem Punkte?

359. Bemerkung. In derselben Figur werden sich auch die Linien EC, DH, BK in einem Punkte schneiden. Weshalb?

360. Aufgabe. Ein Dreieck zu construiren, wenn die Halbirungspunkte der drei Seiten der Lage nach gegeben sind.

361. Aufgabe. Ein Parallelogramm in ein Rechteck zu verwandeln, das mit ihm denselben Mittelpunkt hat.

362. Aufgabe. Ein Rechteck in ein Quadrat zu verwandeln, das mit ihm denselben Mittelpunkt hat.

363. Aufgabe. Eine beliebige geradlinige Figur in eine reguläre zu verwandeln, deren Mittelpunkt an einer vorher bestimmten Stelle der Figur liegt.

364. Lehrsatz. Die gerade Linie zwischen dem Durchschnittspunkte der drei Höhenperpendikel eines Dreiecks und einem Eckpunkte desselben, ist doppelt so groß wie der Abstand der Gegenseite dieses Eckpunktes vom Eckenmittelpunkte des Dreiecks.

365. Lehrsatz. Der Durchschnittspunkt der Höhenperpendikel eines Dreiecks und der Durchschnittspunkt der durch seine Ecken gelegten Halbirungslinien desselben liegen mit dem Mittelpunkte der Ecken in gerader Linie, und der Abstand des ersten dieser Punkte vom zweiten ist doppelt so groß als der Abstand des zweiten vom dritten.

366. Lehrsatz. Die Fußpunkte der Höhenperpendikel eines Dreiecks sind zugleich Eckpunkte eines anderen Dreiecks, dessen Seitenproduct dem Producte der abwechselnden Abschnitte auf den Seiten des ursprünglichen Dreiecks gleich ist.

367. Lehrsatz. Wenn eine Transversale eines Dreiecks durch die Mitte einer andern gelegt ist; so wird die von der Transversale getroffene Seite in demselben Verhältnisse getheilt, in welchem die ganze von der halbirten Transversale getroffene Seite des Dreiecks zu dem Abschnitte derselben steht, der von beiden Transversalen begrenzt ist.

368. Aufgabe. Ein Paralleltrapez zu construiren, das mit einem gegebenen Dreieck gleiche Grundlinie und Fläche, und zwei gegebene Winkel an der Grundlinie hat.

369. Lehrsatz. Wenn die beiden Diagonalen eines vollen Vierecks gezogen sind; so entstehen vier Dreiecke, deren zwei zwischen den Verticalwinkeln liegende Gegendreiecke genannt werden können. Die Producte der Flächen beider Gegendreiecke sind gleich.

370. Aufgabe. Einen Punkt innerhalb der Fläche eines beliebigen geradlinigen Vierecks zu finden, von dem die Linien, nach den Eckpunkten gezogen, Gegendreiecke gleicher Fläche einschließen.

371. Lehrsatz. Wenn zwei parallele Tangenten eines Kreises von einer dritten Tangente durchschnitten werden, so ist das Rechteck zwischen den Abschnitten dieser Tangente dem Quadrate des Kreisradius gleich.

372. Lehrsatz. Wenn in einem Viereck die Geraden, welche die Mitten der Gegenseiten verbinden, sich mit den Diagonalen in einem und demselben Punkte schneiden; so ist das Viereck ein Parallelogramm.

373. Lehrsatz. Ueber dem Schenkel eines gleichschenkligen Dreiecks läßt sich ein gleichschenkliges Dreieck von gleichem Umfange construiren; dies hat einen größeren Flächeninhalt.

374. Lehrsatz. Unter allen isoperimetrischen Dreiecken hat das gleichseitige die größeste Fläche.

375. Lehrsatz. Die Tangente eines Kreisbogens von einem Endpunkte desselben, der zugleich der Berührungspunkt ist, bis zur Verlängerung des Radius im anderen Endpunkte ist länger als der gestreckte Bogen.

376. Lehrsatz. Eine Kreisfläche ist größer als die eines regulären Polygons von gleichem Umfange.

377. Lehrsatz. Die Mittelpunkte dreier über den Seiten eines Dreiecks nach außen hin errichteten Quadrate sind die Eckpunkte eines Dreiecks, welches um den achten Theil der drei Quadratflächen größer ist als das gegebene Dreieck.

Wie spricht sich dieser Satz aus, wenn die Eckpunkte des Dreiecks in Punkte einer geraden Linie übergehen?

378. Aufgabe. Ein gleichschenkliges Dreieck zu construiren, in welchem die Basishöhe zu einer Seitenhöhe ein bestimmtes Verhältniß hat.

379. Lehrsatz. Wenn ein Viereck von einem Kreisdurchmesser und drei Tangenten des Kreises eingeschlossen ist, so steht die gerade Linie, welche durch den mittleren Berührungspunkt und den Durchschnitt der Diagonalen des Vierecks geht, winkelrecht auf dem Durchmesser.

380. Lehrsatz. Die Flächen dreier Kreise, welche die Schenkel eines Winkels berühren, und sich selbst berührend an einander liegen, bilden eine stätige Proportion.

381. Aufgabe. Ein Rechteck zu construiren, dessen Fläche dem Unterschiede der Quadrate der ungleichen Seiten desselben gleich ist.

382. Aufgabe. Ein Viereck zu construiren, wenn zwei anstoßende Seiten und die beiden Winkel einzeln gegeben sind; welche die zwischen diesen Seiten liegende Diagonale mit jeder der andern beiden Seiten einschließt.

383. Lehrsatz. Wenn man durch die Mitte eines Bogens und die ihm zugehörige Sehne oder deren Verlängerung gerade Linien legt; so sind die Rechtecke der Abschnitte je zweier solcher Linien gleich; sobald man die Abschnitte immer von dem Mittepunkte des Bogens aus bis zur Sehne und bis zur Peripherie rechnet.

Zusatz. Es ist also jedes dieser Rechtecke dem Quadrate der Sehne des halben Bogens gleich.

384. Aufgabe (anschließend). Von der Mitte eines Bogens durch die zugehörige Sehne eine gerade Linie zu ziehen, deren Verlängerung über die Sehne hinaus bis zum Bogen eine vorgeschriebene Länge hat.

385. Aufgabe (anschließend). Ein Dreieck zu construiren, dessen Grundlinie, Winkel an der Spitze und Halbirungslinie des Winkels an der Spitze der Größe nach gegeben sind.

386. Aufgabe. Ein Dreieck zu construiren, wenn eine Winkelhalbirungstransversale und die dadurch entstandenen Abschnitte der Gegenseite gegeben sind

387. Aufgabe. In einen Halbkreis einen Berührungskreis zu legen, der die Peripherie in einem bestimmten Punkte berührt.

388. Aufgabe. In einen Halbkreis einen Berührungskreis zu legen, der den Durchmesser in einem bestimmten Punkte berührt.

389. Aufgabe. Durch die Schenkel eines gleichschenkligen Dreiecks eine Gerade zu legen, welche den einen winkelrecht durchschneidet, und den andern in zwei Abschnitte theilt, die wechselsweise den Abschnitten des ersteren gleich sind.

390. Aufgabe. Ein Dreieck zu construiren, das einem gegebenen flächengleich ist, einen Winkel mit ihm gemein, außerdem aber noch einen vorgeschriebenen Winkel hat.

391. Lehrsatz. Zwei Winkel-Halbirungstransversalen eines Dreiecks schließen mit den Abschnitten zweier Seiten zwei Dreiecke ein, deren Flächen sich wie diese Seitenabschnitte verhalten.

392. Aufgabe. Von einem Dreieck durch eine Transversale, die aus einem Endpunkte der Grundlinie gezogen ist, ein Dreieck abzuschneiden, in welchem die beiden Seitenlinien zusammengenommen nur um halb so viel größer sind, als die Grundlinie, wie in dem gegebenen Dreieck.

393. Aufgabe. Ein Dreieck zu construiren; wenn die drei Höhenperpendikel desselben bekannt sind.

394. Lehrsatz. Das Quadrat einer Winkelhalbirungstransversale in einem Dreieck ist der Unterschied des Rechtecks zwischen den Seiten, welche den halbirten Winkel einschließen, und des Rechtecks der Abschnitte, in welche die Gegenseite dieses Winkels durch die Transversale getheilt ist.

395. Lehrsatz. Das Quadrat einer Transversale, die den Außenwinkel eines Dreiecks halbirt und die verlängerte Gegenseite des zugehörigen Innenwinkels schneidet, ist der Unterschied eines Rechtecks zwischen den vom Durchschnittspunkt mit der Transversale bis zu den Endpunkten der Gegenseite gerechneten Abschnitten und dem Rechteck zwischen den Seiten, die den inneren Nebenwinkel des halbirten Außenwinkels einschließen.

396. Aufgabe. Ein Parallelogramm durch drei Linien, wovon eine dem einen Seitenpaare, jede der andern dem andern Seitenpaare parallel ist, in vier Abschnitte von gegebenem Verhältniß zu theilen.

397. Aufgabe. Ein Dreieck durch Linien, die den Seiten desselben parallel sind, in Flächenstücke von vorgeschriebener Größe zu zerlegen.

398. Aufgabe. Ein gleichseitiges Dreieck durch Linien, die in einen Punkt zusammentreffen, in Flächenstücke von gegebenem Verhältniß zu theilen.

399. Aufgabe. Ein beliebiges Dreieck durch Linien, die in einen Punkt zusammentreffen, so zu theilen, daß die an bestimmten Seiten anliegenden Theilstücke ein gegebenes Verhältniß haben.

Bemerkung. In einem besondern Fall kann verlangt werden, daß die Theilstücke einander gleich sind.

400. Aufgabe. Drei gerade Linien von gegebener Länge von einem Punkte aus so zu legen, daß ihre andern Endpunkte eine aus zwei gleichen Theilen bestehende gerade Linie bestimmen.

401. Aufgabe. Durch zwei concentrische Kreise, deren größerer Radius kleiner ist als das Dreifache des kleineren, eine gerade Linie zu legen, die als Sehne des größeren betrachtet, durch den Umfang des kleineren halbirt wird.

402. Lehrsatz. Der geometrische Ort für alle Punkte, deren beide Abstände von zwei gegebenen Punkten gleiche Quadratsummen ergeben, ist ein Kreis.

403. Lehrsatz (anschließend). Die Linie gleicher ungleichartiger Potenzen (XVIII, 13.) zu zwei Kreisen, deren einer den anderen ganz einschließt, ist ein Kreis, dessen Mittelpunkt die Centrallinie beider halbirt, und dessen Radius die halbe Diagonale eines dem Rechtecke beider Radien flächengleichen Quadrates ist.

404. Aufgabe. Eine Kreisfläche durch concentrische Kreise in zwei Flächenstücke zu zerlegen, die ein gegebenes Verhältniß haben.

405. Aufgabe. Eine Kreisfläche durch zwei Halbkreise, deren Endpunkte auf demselben Kreisdurchmesser liegen, in zwei Flächenstücke zu zerlegen, die ein gegebenes Verhältniß haben.

406. Aufgabe. Eine Linie zu finden, deren Quadrat zu dem Quadrate einer gegebenen Linie ein bestimmtes Verhältniß hat.

407. Aufgabe. Auf der Centrale zweier Kreise einen Punkt zu bestimmen, dessen Potenzen für beide Kreise ein gegebenes Verhältniß haben.

408. Lehrsatz. Wenn man von einem Punkte in der Peripherie eines Kreises nach den Eckpunkten des eingeschriebenen gleichseitigen Dreiecks Sehnen zieht; so ist die mittlere derselben so groß wie die Summe der beiden anderen.

409. Lehrsatz. Wenn man von einem Punkte außerhalb eines Kreises zwei Tangenten an denselben legt, und an die Punkte auf dem kleineren Bogen zwischen diesen Tangenten neue Berührungslinien zieht; so schließen diese mit den ersten beiden isoperimetrische Dreiecke ein.

410. Aufgabe (anschließend). Ein Dreieck zu construiren, das einem gegebenen ähnlich ist, und mit einem anderen gegebenen gleichen Umfang hat.

411. Lehrsatz. Wenn die gemeinschaftliche innere Tangente zweier Kreise durch die beiden äußeren gemeinschaftlichen Tangenten begrenzt wird; so ist ihre Länge dem Abstande der Berührungspunkte auf jeder äußeren Tangente gleich.

412. Aufgabe (anschließend). Ein Dreieck zu construiren, wenn der Radius des eingeschriebenen Kreises, eine Seite und der Gegenwinkel derselben gegeben sind.

413. Aufgabe. Ein gleichschenkliges Dreieck zu construiren, wenn die Höhe desselben und der Halbmesser des eingeschriebenen Kreises gegeben ist.

414. Aufgabe. Aus der Grundlinie und dem Radius des eingeschriebenen Kreises ein gleichschenkliges Dreieck zu construiren.

415. Aufgabe. Wenn von einem Punkte eines Kreisumfanges Sehnen gezogen und in einem gegebenen Verhältnisse getheilt werden sollen, den geometrischen Ort für alle Theilpunkte zu finden.

416. Aufgabe. Durch den Berührungspunkt zweier Kreise eine gerade Linie zu legen, auf welcher beide Peripherien eine gegebene Länge begrenzen.

417. Aufgabe. Wenn von einem Punkte innerhalb eines Kreises Linien an den Umfang gezogen, und in einem bestimmten Verhältnisse getheilt werden sollen, den geometrischen Ort für alle Theilpunkte zu finden.

418. Aufgabe. Wenn von einem Punkte außerhalb eines Kreises Linien an den Umfang gezogen und in einem bestimmten Verhältnisse getheilt werden sollen, den geometrischen Ort für alle Theilpunkte zu finden.

419. Aufgabe (anschließend). Von einem Punkte durch zwei Kreise eine gerade Linie zu legen, so daß die Abschnitte zwischen dem Punkte und den beiden Kreislinien ein bestimmtes Verhältniß erhalten.

420. Aufgabe. Zwischen zwei gegebene gerade Linien eine dritte so zu legen, daß sie in einem gegebenen Punkt in einem gegebenem Verhältnisse getheilt ist.

421. Aufgabe. Durch die drei Seiten eines Dreiecks oder ihre Verlängerungen eine gerade Linie zu legen, so daß dieselbe einer gegebenen Linie parallel wird, und ihre Abschnitte zwischen jenen drei Linien ein bestimmtes Verhältniß erhalten.

422. Aufgabe. Zwei Kreise zu construiren, wenn der Abstand sowohl
1) ihrer Mittelpunkte, als auch
2) der Berührungspunkte auf der äußern Tangente und
3) der Berührungspunkte auf der inneren Tangente gegeben ist.

423. Lehrsatz. Die Summe der äußeren und inneren Tangenten zweier Kreise verhält sich zum Durchmesser eines dieser Kreise wie der Durchmesser des andern zur Differenz jener Tangenten.

424. Aufgabe. Ein Dreieck zu construiren; wenn eine Seite und zwei Transversalen bekannt sind, die von den Eckpunkten nach den Mitten der Gegenseiten gezogen sind (zwei Fälle).

425. Aufgabe. Ein Dreieck zu construiren, wenn die drei Transversalen gegeben sind, die von den Eckpunkten nach den Mitten der Gegenseiten gezogen sind.

426. Aufgabe. Ein Dreieck zu construieen, wenn zwei Transversalen von den Eckpunkten nach den Seitenmitten und der Winkel, den die zugehörigen Seiten einschließen, bekannt sind.

427. Aufgabe. Ein Dreieck zu construiren, wenn die Transversalen zweier Eckpunkte nach den Mitten der Gegenseiten, und aus dem dritten Eckpunkte das Perpendikel auf die Gegenseiten, bekannt sind.

428. Aufgabe. Ein Dreieck zu construiren, wenn die Perpendikel aus zwei Eckpunkten auf die Gegenseiten, und die Transversale aus dem dritten Eckpunkte, welche die Gegenseite halbirt, bekannt sind.

429. Aufgabe. In einen gegebenen Kreis ein Rechteck einzuschreiben, dessen Seiten ein gegebenes Verhältniß haben.

430. Aufgabe. Ein Viereck zu construiren, wenn zwei Winkel desselben, die nicht an den Scheiteln dieser Winkel anliegende Seite, und die beiden Winkel gegeben sind, welche diese mit den Diagonalen macht.

431. Aufgabe. Ein Viereck zu construiren, wenn beide Diagonalen und die Winkel gegeben sind, welche sie mit zwei Gegenseiten einschließen.

432. Aufgabe. Ein Viereck zu construiren, wenn beide Diagonalen und die Winkel gegeben sind, welche sie mit zwei anstoßenden Seiten einschließen.

433. Aufgabe. Zwei gegebene Linien so zu verlängern, daß die Verlängerungen ein bestimmtes Verhältniß haben und die ganzen ein anderes bestimmtes Verhältniß (es muß immer ein anderes sein).

434. Aufgabe. Von einem gegebenen Dreieck durch eine Linie, die einer Seite desselben parallel ist, ein Dreieck abzuschneiden, dessen Umfang halb so groß ist, als der des gegebenen Dreiecks (oder überhaupt in einem gegebenen Verhältnisse zu demselben steht).

435. Aufgabe. Zwischen den Schenkeln eines Winkels durch eine gerade Linie, die einer gegebenen parallel ist, ein Dreieck von gegebenem Umfange abzuschneiden.

436. Aufgabe. Zwischen den Schenkeln eines Winkels durch eine von einem Punkte (außerhalb, innerhalb oder auf demselben) gezogene Gerade ein Dreieck von gegebenem Umfange abzuschneiden.

437. Aufgabe. Durch eine zweimal gebrochene Linie eine Gerade zu legen, die mit derselben ein Viereck von gegebenem Umfange einschließt, und einer gegebenen Linie parallel ist.

438. Aufgabe. Von einem gegebenen Punkt aus eine gerade Linie durch eine zweimal gebrochene zu legen, die mit derselben ein Viereck von gegebenem Umfange begränzt.

439. Aufgabe. Ein Vieleck durch gerade Linien, die entweder einer gegebenen parallel, oder von einem gegebenem Punkte aus gezogen sind, in eine bestimmte Anzahl isoperimetrischer Theile zu zerlegen.

440. Aufgabe. In ein gegebenes Viereck einen Rhombus zu legen, dessen Seiten den Diagonalen des Vierecks parallel sind, und dessen Ecken in den Seiten desselben liegen.

441. Aufgabe. Ein gegebenes geradliniges Vieleck durch eine gerade Linie, die entweder einer geraden Linie parallel oder durch einen gegebenen Punkt gelegt ist, in zwei Flächenstücke zu theilen, die ein gegebenes Verhältniß haben.

442. Aufgabe. Wenn drei Punkte in einer Ebene gegeben sind, einen vierten zu finden, dessen Abstände von jenen sich wie drei gegebene gerade Linien verhalten.

443. Aufgabe. In einem Quadranten zwei ähnliche gleichschenklige Dreiecke zu errichten, deren Grundlinien zusammen den Radius ausmachen, und deren Spitzen in dem Bogen des Quadranten liegen.

444. Aufgabe. Auf den Durchmesser eines Kreises drei ähnliche gleichschenklige Dreiecke aufzustellen, die ihre Spitzen in der Peripherie haben.
(Offenbar ist nur ein Punkt auf dem Durchmesser zu suchen. Man findet ihn; wenn man die Sehne des Quadranten von einem Eckpunkte aus darauf abträgt.)

445. Lehrsatz. Wenn man durch einen Punkt (D) innerhalb eines Dreiecks (ABC) drei Linien parallel mit den Seiten desselben zieht; (EDF‡BHKC, GDH‡AJEB, JDK‡AGFC) so entstehen zwischen diesem Punkte und den Seiten (oder deren Verlängerungen) 6 Linienabschnitte. Die drei Verhältnisse der beiden Abschnitte jeder Linie geben in der Zusammensetzung das Verhältniß der Gleichheit; wenn man abwechselnde Abschnitte zu Vordergliedern der Verhältnisse macht (ED.DG.DK = JD.DF.DH).
(Der Satz gilt auch für Punkte im Umfange oder außerhalb des Dreiecks.)

446. Lehrsatz. Wenn man von einem Punkte (D) innerhalb eines Dreiecks (ABC) Perpendikel auf die Seiten errichtet (DE auf AB, DF auf BC, DG auf AC), so sind die Summen der Quadrate der Wechselabschnitte gleich ($AE^2+BF^2+CG^2 = EB^2+FC^2+GA^2$).
(Der Satz gilt auch für Punkte außerhalb und im Umfange des Dreiecks.)

447. Lehrsatz. Wenn man von den Eckpunkten eines Dreiecks (ABC) Linien nach einem Punkte (D) zieht, und auf jede derselben in diesem Punkte Perpendikel errichtet (DE auf AD, DF auf BD, DG auf CD), und verlängert, bis sie sich mit den verlängerten Gegenseiten der Winkel schneiden, aus deren Scheitelpunkten die ursprünglichen Linien gezogen sind (DE mit BC in E, DF mit AC in F, DG mit AB in G); so liegen die drei Durchschnittspunkte der Perpendikel und der verlängerten Seiten (E, F, G) in gerader Linie.

448. Lehrsatz. Wenn man von den Eckpunkten eines Dreiecks (ABC) Transversalen durch einen Punkt (G) legt, die Punkte, wo die Gegenseiten der Eckpunkte geschnitten werden (D auf AB, E auf BC, F auf AC), zu Eckpunkten eines neuen Dreiecks macht, und die Seiten dieses Dreiecks verlängert, bis jede

derselben, deren Eckpunkte schon in zwei Seiten des Dreiecks liegen, auch die Verlängerung der dritten durchschneidet (FE die AB in H, DF die BC in J, FE die AB in H); so liegen die drei Durchschnittspunkte (H, J, K) in gerader Linie.

449. Aufgabe. Eine gerade Linie so zu verlängern, daß die Verlängerung die mittlere Proportionale wird zwischen der gegebenen und der unverlängerten Linie.

450. Aufgabe. Eine gerade Linie so zu verlängern, daß die Verlängerung das harmonische Mittel zwischen der gegebenen und der verlängerten Linie wird.

451. Aufgabe. Ein Dreieck zu construiren, wenn die drei Mittelpunkte der äußeren Berührungskreise seiner Seiten der Lage nach gegeben sind.

452. Aufgabe. Ein Dreieck zu construiren, wenn eine Seite desselben, der Radius des umschriebenen Kreises, und der Radius des eingeschriebenen Kreises gegeben sind.

453. Aufgabe. Ein Dreieck zu construiren, wenn die Höhe desselben, der Winkel an der Spitze, und der Radius des umschriebenen Kreises gegeben sind.

454. Aufgabe. Ein Dreieck zu construiren, wenn die drei Rechtecke der Flächengröße nach gegeben sind, welche von je zwei anstoßenden Seiten eingeschlossen werden.

455. Aufgabe. Ein Dreieck um einen gegebenen Kreis zu beschreiben, so daß die Eckpunkte vorgeschriebene Potenzpunkte des Kreises werden.

456. Aufgabe. Ein Dreieck zu construiren, wenn die Höhe, der Winkel an der Spitze und das Rechteck zwischen beiden Seitenlinien der Größe nach gegeben sind.

457. Aufgabe. Ein Dreieck zu construiren, wenn eine Seite, das Rechteck der beiden andern und der von diesen eingeschlossene Winkel gegeben sind.

458. Aufgabe. Ein Dreieck zu construiren, wenn eine Seite, der Unterschied der Quadrate der andern beiden, und der von diesen eingeschlossene Winkel gegeben ist.

459. Aufgabe. Ein Dreieck zu construiren; wenn die Summen zweier Seiten und die Perpendikel einzeln gegeben sind, die von den Gegenecken dieser Seiten auf dieselben oder ihre Verlängerungen gefällt sind.

460. Aufgabe. In einem Dreieck eine Linie von einer Winkelspitze nach der Gegenseite so zu ziehen, daß die beiden in die Theildreiecke eingeschriebenen Kreise sich mit derselben in einem und demselben Punkte berühren.

461. Lehrsatz. Wenn man durch die Spitze (A) eines Dreiecks (ABC) zwei Transversalen legt, welche mit den hier zusammenstoßenden Seiten gleiche Winkel

bilden (BAD = CAE), so werden dadurch auf der Grundlinie von jedem Eckpunkt derselben aus, zwei Abschnitte gebildet, deren Rechtecke sich wie die Quadrate der anstoßenden Seiten verhalten (BD . BE : CE . CD = BA^2 : CA^2).

462. Lehrsatz (anschließend). Wenn durch jeden Eckpunkt eines Dreiecks zwei Transversalen gelegt werden, die einzeln gleiche Winkel mit den anstoßenden Seiten bilden; so schneiden sich diese sechs Transversalen in drei Punkten.

463. Lehrsatz. Wenn man über der Sehne (AB) eines Kreises ein Dreieck (ABC) beschreibt, dessen Seiten Sehnen sind, ein zweites (ADB), dessen Seiten Tangenten sind, und die Spitzen beider Dreiecke durch eine gerade Linie (CD) verbindet; so verhalten sich die Abschnitte der dadurch getheilten Sehne (AB), wie die Quadrate der anliegenden ungetheilten (AE : EB = AC^2 : BC^2).

464. Lehrsatz. Wenn man in demjenigen Punkte (D) der Hypotenuse eines (bei B) rechtwinkligen Dreiecks (ABC), wo dieselbe von der Halbirungslinie (BD) des rechten Winkels getroffen wird, ein Perpendikel errichtet; so schneidet dieses gleiche Abschnitte von den Katheten ab (AE = BF).

465. Lehrsatz. Die Peripherie des um ein Dreieck beschriebenen Kreises halbirt zugleich die Seiten desjenigen Dreiecks, dessen Eckpunkte die Mittelpunkte der drei äußeren Berührungskreise des Dreiecks sind.

466. Lehrsatz. Der Durchschnitt der Halbirungslinie eines Dreieckswinkels mit dem Umfang des umschriebenen Kreises hat von den Eckpunkten der durchschnittenen Seite, vom Mittelpunkt des an derselben anliegenden äußeren Berührungskreises und vom Mittelpunkt des eingeschriebenen Kreises gleiche Abstände.

467. Lehrsatz. Auf den Geraden, welche einen Dreieckswinkel halbiren, sind der Scheitelpunkt dieses Winkels, der Mittelpunkt des eingeschriebenen Kreises, der Durchschnitt mit der Gegenseite des halbirten Winkels und der auf ihr liegende Mittelpunkt des äußeren Berührungskreises, harmonische Punkte.

468. Lehrsatz. Der Flächeninhalt eines Dreiecks ist die mittlere Proportionale zwischen den beiden Rechtecken, die aus den Radien der vier Berührungskreise gebildet werden können.

469. Lehrsatz. Der Flächeninhalt eines Dreiecks verhält sich zu dem Flächeninhalt eines andern, dessen Eckpunkte die Berührungspunkte eines die drei Seiten berührenden Kreises sind, wie der Durchmesser des umschriebenen Kreises zum Radius des betreffenden Berührungskreises.

470. Lehrsatz. Bei jedem Dreieck ist das Quadrat der Geraden zwischen den Mittelpunkten des umschriebenen und eingeschriebenen Kreises kleiner als das Halbmesserquadrat des umschriebenen Kreises, und zwar um das doppelte Rechteck beider Radien.

471. Lehrsatz. Bei jedem Dreieck ist das Quadrat der Geraden zwischen den Mittelpunkten des umschriebenen Kreises und eines äußeren Berührungskreises größer als das Halbmesserquadrat des umschriebenen Kreises, und zwar um das doppelte Rechteck beider Radien.

472. Lehrsatz. Die Quadrate der Abstände zwischen den Mittelpunkten der vier Berührungskreise eines Dreiecks und des eingeschriebenen Kreises sind zusammengenommen das Dreifache vom Durchmesserquadrate des umschriebenen Kreises.

473. Lehrsatz. Die gemeinschaftlichen Tangenten zweier Kreise treffen sich mit der Centrale derselben in den Aehnlichkeitspunkten.

474. Lehrsatz. Wenn zwei Kreise durch einen dritten gleichartig (d. h. beide von außen, oder beide von innen) berührt werden; so liegen die Berührungspunkte mit dem äußeren Aehnlichkeitspunkte in gerader Linie. Werden zwei Kreise durch einen dritten ungleichartig (d. h. einer von außen, der andere von innen) berührt; so liegen die beiden Berührungspunkte mit dem inneren Aehnlichkeitspunkte in gerader Linie.

475. Lehrsatz. Wenn man durch einen Aehnlichkeitspunkt und die Umfänge der dazu gehörigen Kreise gerade Linien legt; so entstehen auf jeder derselben vom Aehnlichkeitspunkt aus gerechnet, vier Abschnitte. Jedes Rechteck zweier solcher Abschnitte derselben Geraden, deren Endpunkte nicht zugleich Peripheriepunkte paralleler Radien sind, ist jedem andern Rechtecke zwischen eben so begrenzten Secanten gleich.

476. Zusatz (anschließend). Wenn die Secantenlinien nach den Peripheriepunkten nicht paralleler Radien von einem äußeren Aehnlichkeitspunkte ausgehen; so ist das Rechteck der durch sie begrenzten Secanten dem Rechteck der von dem Aehnlichkeitspunkte bis zu den Berührungspunkten gezogenen Tangenten gleich.

477. Zusatz. Wenn von einem Aehnlichkeitspunkte zwei Secantenlinien durch beide Kreise gelegt sind; so läßt sich durch je vier Durchschnittspunkte, welche auf nicht parallelen Radien liegen, ein Kreis beschreiben.

478. Aufgabe. Durch zwei Punkte außerhalb der Peripherie eines Kreises einen Kreis zu legen, der den gegebenen berührt.

479. Aufgabe. Durch einen Punkt einen Kreis zu legen, der zwei gegebene Kreise berührt.

480. Aufgabe. Einen Kreis zu finden, der drei gegebene Kreise berührt.

481. Aufgabe. Einen Kreis zu finden, der einen gegebenen Kreis, eine gegebene gerade Linie berührt und durch einen gegebenen Punkt geht.

482. Aufgabe. Einen Kreis zu finden, der zwei Kreise und eine gegebene gerade Linie berührt.

483. Lehrsatz. Wenn ein Durchmesser eines Kreises oder dessen Verlängerung von einer geraden Linie winkelrecht durchschnitten wird, und man legt gerade Linien durch einen Endpunkt des Durchmessers, welche den Kreis und die gerade Linie durchschneiden; so sind alle Rechtecke einander gleich, die von den beiden Abschnitten einer solchen Linie, beide vom Durchmesserpunkt an bis zur Peripherie und bis zur geraden Linie gerechnet, eingeschlossen werden.

484. Aufgabe. Von dem Endpunkte eines Durchmessers durch den zugehörigen Kreis und eine Gerade, die den Durchmesser oder dessen Verlängerung rechtwinklig durchschneidet, eine gerade Linie zu ziehen, deren Abschnitt zwischen der Peripherie und dem Perpendikel eine vorgeschriebene Größe hat.

485. Aufgabe. Von einem Punkte, der auf der Halbirungslinie des Nebenwinkels eines gegebenen Winkels gegeben ist, eine Gerade durch die Schenkel desselben zu legen, die eine bestimmte Länge hat.

486. Lehrsatz. Jede durch einen Punkt auf der Halbirungslinie eines Winkels winkelrecht gezogene und durch die Schenkel des Winkels begrenzte gerade Linie ist die kleinste so begrenzte unter allen, die durch diesen Punkt gehen, und von zwei so gelegten ist diejenige größer, welche mit der kleinsten den größeren Winkel bildet.

487. Aufgabe. Durch einen Punkt der Halbirungslinie eines gegebenen Winkels eine Gerade zu legen, die zwischen beiden Schenkeln eine bestimmte Länge hat.

488. Aufgabe. Von einem gegebenen Punkte aus durch zwei gegebene concentrische Kreise eine gerade Linie so zu legen, daß der Abschnitt derselben zwischen beiden Kreisumfängen eine vorgeschriebene Länge hat.

489. Aufgabe. Durch zwei gegebene nicht concentrische Kreise von einem der vier Durchschnittspunkte der Centrale mit der Peripherie eines der gegebenen Kreise eine gerade Linie so zu legen, daß der zwischen beiden Kreisumfängen begrenzte Abschnitt eine vorgeschriebene Größe erhält.

490. Lehrsatz. Wenn man über der Centrale zweier Kreise als Grundlinie ein Dreieck construirt, dessen Seiten sich wie die Radien der Kreise verhalten, und von der Spitze desselben Tangenten an die Kreise zieht; so ist der Winkel der ersten und dritten Tangente gleich dem Winkel der zweiten und vierten Tangente, und jeder dieser Winkel dem Winkel an der Spitze des construirten Dreiecks gleich.

491. Lehrsatz. Wenn mehrere gleiche Linienverhältnisse, zu deren jedem eine begrenzte gerade Linie als zugehörig betrachtet wird, gegeben sind, und die Summe der Rechtecke einiger Vorderglieder mit den zugehörigen geraden Linien

ist der Summe der Rechtecke der andern Vorderglieder mit den zugehörigen geraden Linien gleich; so findet dies auch bei den entsprechenden Rechtecken der Hinterglieder statt.

492. Lehrsatz. Wenn man aus den Endpunkten einer Dreiecksseite (A, B) zwei beliebige Transversalen (AD, BE) legt, und durch die Spitze des Gegenwinkels (C) dieser Seite eine mit ihr parallele Linie zieht (CD ‡ AB); so haben alle Linienpaare die von einem Punkte dieser Parallele (F) auf die Schenkel dieses Gegenwinkels parallel mit den Transversalen gezogen sind (FG ‡ AD, FH ‡ BE), das Verhältniß der Transversalen (FG : FH = BE : AD).

493. Aufgabe. Wenn von zwei Punkten einer geraden Linie Perpendikel auf eine andere gerade Linie gefällt sind; einen dritten Punkt auf der ersten Linie zu finden, dessen auf die zweite gefälltes Perpendikel so groß ist, wie jene beiden Perpendikel zusammengenommen.

494. Aufgabe. Wenn von zwei Punkten einer geraden Linie Perpendikel auf eine zweite gefällt sind, einen dritten Punkt auf der ersten Linie zu finden, so daß das m fache des einen gegebenen Perpendikels mit dem n fachen des andern vereinigt, so groß ist, als das (m+n)fache des gesuchten Perpendikels.

495. Aufgabe. Wenn von mehreren Punkten einer geraden Linie Perpendikel auf eine zweite gefällt sind, einen Punkt auf dieser Linie zu finden, dessen Perpendikel auf die zweite Linie gefällt, so groß ist, wie alle gegebenen zusammengenommen.

496. Lehrsatz. Wenn von mehreren gegebenen Punkten Linien nach einem gesuchten Punkte gezogen, dieselbe Quadratsumme geben; so liegen die gesuchten Punkte in einem Kreise.

497. Aufgabe. Einen gegebenen Kreisausschnitt durch einen concentrischen Bogen zu halbiren.

498. Aufgabe. Einen gegebenen Kreisabschnitt durch einen Kreisbogen zu halbiren.

499. Aufgabe. Einen Kreis zu construiren, der den Durchmesser eines Halbkreises, den Halbkreis selbst und einen Halbkreis über dem halben Durchmesser berührt.

500. Aufgabe. In ein gegebenes Quadrat ein kleineres von gegebener Seite so zu beschreiben, daß die Ecken des kleineren in den Seiten des größeren liegen, und von den Ecken desselben gleiche Abstände haben.

501. Aufgabe. Ueber einer gegebenen Linie ein Dreieck zu construiren, in welchem der Radius des umschriebenen und der Radius des eingeschriebenen Kreises eine vorgeschriebene Größe haben.

502. Aufgabe. Auf den Endpunkten und in der Mitte einer geraden Linie sind drei Perpendikel errichtet, und auf dem mittleren ist ein Punkt angenommen, dessen Abstand von der Mitte der gegebenen Linie größer als diese ganze Linie ist. Man soll durch diesen Punkt eine Linie so legen, daß die auf den Endpunkten errichteten Perpendikel Längen erhalten, deren mittlere Proportionale die gegebene Linie ist.

503. Lehrsatz. Wenn zwischen den Schenkeln eines gegebenen Winkels durch einen gegebenen Punkt gerade Linien gezogen und dadurch verschiedene Dreiecke abgeschnitten werden; so ist unter allen dasjenige am kleinsten, dessen Seite durch den gegebenen Punkt halbirt wird.

504. Aufgabe. Von den Endpunkten einer gegebenen geraden Linie nach einem Punkte der Peripherie eines gegebenen Kreises zwei Linien zu ziehen, deren andere Durchschnittspunkte mit der Peripherie eine der gegebenen Geraden parallele Sehne begrenzen.

505. Lehrsatz. Wenn man die Mitten der Seiten eines Vierecks durch gerade Linien verbindet; so ist die Differenz der Quadrate dieser Geraden halb so groß wie die Differenz der Summen der Quadrate der Gegenseiten.

506. Aufgabe. Ein Parallelogramm zu construiren, wenn ein Winkel desselben, die Fläche und die Differenz der Quadrate seiner Diagonalen gegeben ist.

507. Aufgabe. Ein Viereck zu construiren, wenn die vier Seiten desselben und der Winkel beider Diagonalen gegeben ist.

508. Aufgabe. Ein Viereck zu construiren, wenn eine Seite, die Fläche des Rechtecks der beiden anliegenden, und der Winkel den diese, gehörig verlängert, bilden, nebst beiden Diagonalen gegeben sind.

509. Aufgabe. Ein Paralleltrapez zu construiren; wenn die Grundlinie, die Höhe, die Summe der nicht parallelen Seiten, und die Summe der von diesen mit der Grundlinie eingeschlossenen Winkel gegeben sind.

510. Aufgabe. Ein Paralleltrapez zu construiren; wenn Alles, wie in der vorigen Aufgabe, nur statt der Summe der nicht parallelen Seiten ihr Unterschied gegeben ist.

511. Aufgabe. Ein Paralleltrapez zu construiren; wenn die Grundlinien, die Summe der Diagonalen, die Fläche des Rechtecks unter denselben und der von ihnen eingeschlossene Winkel gegeben sind.

512. Aufgabe. Ein Paralleltrapez zu construiren; wenn die Seitensumme, die Höhe, die Summe der Diagonalen und der Winkel derselben gegeben sind.

513. Aufgabe. Ein Paralleltrapez zu construiren; wenn alles wie in der vorigen Aufgabe, nur statt der Summe der Diagonalen ihre Differenz, gegeben ist.

514. Aufgabe. Ein Paralleltrapez zu construiren; wenn beide Diagonalen und die Winkel gegeben sind, welche an den Endpunkten einer Parallele von den Diagonalen und den nicht parallelen Seiten gebildet werden.

515. Aufgabe. Ein Paralleltrapez zu construiren; wenn die Grundlinie, beide anliegende Seiten und beide Diagonalen gegeben sind.

516. Aufgabe. Ein Kreissehnenviereck zu construiren, dessen vier Seiten gegeben sind.

517. Aufgabe. Ein Kreissehnenviereck zu construiren; wenn zwei Gegenseiten und die Diagonalen gegeben sind.

518. Lehrsatz. Der Radius eines Tangentenvierecks ist die mittlere Proportionale zwischen den Radien derjenigen beiden Kreise, welche außerhalb des Vierecks zwei Gegenseiten desselben und die Verlängerungen der anderen berühren.

519. Aufgabe. Ein Viereck um einen Kreis zu beschreiben, wenn die Radien dreier Kreise gegeben sind, welche außerhalb des Vierecks einzeln eine Seite und die Verlängerungen der beiden anliegenden beruhren.

520. Aufgabe. Auf der Peripherie eines Kreises einen Punkt zu finden, dessen Abstände von zwei gegebenen Punkten zusammen kleiner sind, als die Abstände jedes andern Punktes der Peripherie von diesen beiden Punkten zusammen genommen.

521. Aufgabe. Einen Punkt zu finden, dessen Abstände von drei gegebenen Punkten zusammen kleiner sind als die Abstände jedes anderen Punktes von diesen dreien zusammengenommen.

522. Lehrsatz. Auf jeder mittleren Ordinatenaxe mehrerer Punkte, sind die Abscissen dieser Punkte auf einer Seite des Mittelpunktes der Entfernungen gleich den Abscissen der Punkte auf der anderen Seite dieses Mittelpunktes.

523. Lehrsatz. Die Quadrate aller Abstände eines Punktes von mehreren andern sind zusammen so groß wie die Quadrate der Abstände dieser Punkte von dem Punkte ihrer mittleren Entfernung, wenn man zu jedem dieser Quadrate noch das Quadrat des Abstandes des angenommenen Punktes von dem Punkte der mittleren Entfernung hinzurechnet.

Sind A, B, C … R beliebige n Punkte in einer Ebene, ist P der Punkt ihrer mittleren Entfernung, $AP = a$, $BP = b$, $CP = c$, … $RP = r$ etc.; ist ferner Q ein beliebiger anderer Punkt, und

$$QP = p,\ QA = \alpha,\ QB = \beta,\ QC = \gamma,\ \dots\ QR = \varrho;\ \text{so ist}$$
$$\alpha^2 + \beta^2 + \gamma^2 \dots + \varrho^2 = np^2 + a^2 + b^2 + c^2 \dots + r^2.$$

524. Aufgabe. Den Punkt zu finden, für den die Summe der Quadrate seiner Abstände von einer beliebigen Anzahl gegebener Punkte kleiner ist als die Summe dieser Abstandsquadrate für jeden anderen Punkt.

525. Lehrsatz. Für jede n Punkte einer Ebene ist die Summe der Quadrate aller $n(n-1)$ Abstände, je zweier Punkte unter sich, n mal so groß wie die n Quadrate der Abstände dieser Punkte vom Mittelpunkt der Entfernung.

526. Lehrsatz. In einem regelmäßigen Fünfeck ist der Unterschied des ganzen kleinen und des halben großen Halbmessers dem Abstande der Diagonale vom Mittelpunkte gleich.

527. Lehrsatz. In jedem regulären n Eck ist die Summe der Quadrate aller Seiten und aller Diagonalen n^2 mal so groß wie das Quadrat des großen Halbmessers.

528. Lehrsatz. Wenn man aus einem Punkt in der Ebene drei Linien, den dreien Seiten eines Dreiecks gleich und parallel zieht; so ist dieser Punkt der Punkt der mittleren Entfernung für die äußersten Endpunkte dieser Linien.

529. Lehrsatz. Wenn man aus einem Punkt in der Ebene Linien mit den Seiten eines gegebenen Vielecks, immer der Wendung des Umfanges folgend, parallel zieht, und sie denselben gleich macht; so ist dieser Punkt der Punkt der mittleren Entfernung für die äußeren Endpunkte der Linien.

530. Aufgabe. Auf dem Durchmesser eines gegebenen Kreises einen Punkt zu finden, von dem aus eine Linie in gegebener Richtung gezogen werden kann, deren Quadrat zum Rechteck der Abschnitte des Durchmessers ein gegebenes Verhältniß hat.

531. Aufgabe. Aus einer Winkelspitze eines Quadrats eine gerade Linie durch dasselbe zu legen, deren Abschnitt zwischen den Schenkeln des zu dem Gegenwinkel gehörigen Nebenwinkels eine vorgeschriebene Größe hat.

532. Lehrsatz. Wenn man von irgend einem Punkte der Verlängerung einer Seite eines Kreisschnenvierecks eine Linie mit der Gegenseite parallel durch den Kreis und das Viereck zieht; so ist das Rechteck unter den von diesem Punkte aus gerechneten, durch die Vierecksseiten gebildeten Abschnitten, dem Rechteck unter den durch den Kreis gebildeten Abschnitten der Linie gleich.

533. Lehrsatz. Ein Kreis, der durch die Mitten der drei Seiten eines Dreiecks geht, berührt den eingeschriebenen Kreis von Innen, und die drei äußeren Berührungskreise der Seiten von Außen.

534. Lehrsatz. Ein Kreis der durch den Durchschnitt der Höhenperpendikel eines Dreiecks und die Endpunkte einer Seite geht, ist dem umschriebenen Kreise des Dreiecks gleich.

535. Lehrsatz. Die drei Abstände des Durchschnittspunktes der Höhenperpendikel von den Eckpunkten eines Dreiecks sind zusammen so groß wie die Durchmesser des eingeschriebenen und umschriebenen Kreises zusammen.

536. Lehrsatz. Der geometrische Ort für die Mittelpunkte aller Kreise, die durch einen gegebenen Punkt gehen, und die Peripherie eines gegebenen Kreises halbiren, ist eine gerade Linie.

537. Aufgabe. Einen Kreis zu finden, der durch zwei gegebene Punkte geht und die Peripherie eines gegebenen Kreises halbirt.

538. Lehrsatz. Der geometrische Ort für die Mittelpunkte aller Kreise, welche die Peripherieen zweier gegebenen Kreise halbiren, ist eine gerade Linie.

539. Aufgabe. Durch drei gegebene Kreise einen vierten zu legen, der die Peripherieen derselben halbirt.

540. Aufgabe. Ein gleichseitiges Dreieck zu construiren, dessen Seiten Tangenten dreier gegebener Kreise sind.

541. Aufgabe. An zwei Kreise Tangenten zu legen, die einen bestimmten Perpendikelabstand haben.

542. Aufgabe. Eine geometrische Construction zu finden, in der sich x als gefundene Linie darstellt; wenn a und b gegebene Linien sind und die Beziehung stattfindet

$$1)\ x^2 + ax = b^2 \quad \text{oder} \quad 2)\ x^2 - ax = b^2.$$

543. Aufgabe. Eine geometrische Construction zu finden, in der x als gefundene Linie erscheint, wenn a und b gegeben sind und die Beziehung stattfindet

$$1)\ x^2 + ax + b^2 = 0, \quad 2)\ x^2 - ax + b^2 = 0.$$

Anm. Die beiden Aufgaben 542 und 543 enthalten die geometrische Auflösung der gemischten quadratischen Gleichungen. Ihre Auflösungen ergeben sich schon aus den letzten Sätzen des achten Abschnitts, und beruhen auf der Eigenschaft eines Perpendikels, das in einem Halbkreise senkrecht auf dem Durchmesser steht, und einer Tangente, die von einem Punkte im verlängerten Durchmesser an den Kreis gezogen werden kann.

Die Lösung der reinen quadratischen Gleichungen, welche hier weiter nicht erwähnt ist, entspricht der geometrischen Aufgabe: eine bestimmte Figur in ein Quadrat zu verwandeln (VII, 7.), die Figur selber ist durch Dreiecke, Parallelogramme oder Trapeze bestimmt, deren Flächengrößen nach den im zehnten Abschnitt entwickelten Gesetzen leicht aus gegebenen Linien abgeleitet werden können.

Schon bei den in dem zehnten Abschnitt durchgeführten Berechnungen der regulären Polygone und des Kreises ist die Anwendung quadratischer Gleichungen auf die Geometrie vorgekommen. Die hier folgenden Aufgaben enthalten gleichfalls Anwendungen derselben.

In sehr vielen Fällen leitet die algebraische Betrachtung der Aufgabe auf eine Lösung derselben: die sich jederzeit auch geometrisch durchführen läßt; wenn die erhaltenen Gleichungen den zweiten Grad nicht übersteigen.

Die früheren Aufgaben dieses Anhangs bieten viele Beispiele für eine algebraische Auflösung neben der geometrischen dar. In den hier zunächst folgenden ist vorzugsweise darauf Rücksicht zu nehmen.

Durch Uebungen dieser Art, wird das Verständniß der analytischen Geometrie vorbereitet, in welcher ausschließlich durch algebraische Betrachtungen geometrische Beziehungen entwickelt werden.

544. Aufgabe. Wenn zwei Sehnen im Kreise sich schneiden, die Abschnitte der einen a und b sind, und ein Abschnitt der anderen c. Wie groß ist der zweite Abschnitt der anderen Sehne.

545. Aufgabe. Wenn ein Durchmesser von einer Sehne winkelrecht durchschnitten wird, und die Abschnitte desselben a und b sind. Wie groß ist die Sehne?

546. Aufgabe. Die Länge einer Tangente zu berechnen, die an einen Kreis mit dem Radius r von einem Punkte aus, der den Abstand a vom Mittelpunkte hat, gezogen ist.

547. Aufgabe. Die Radien dreier Kreise zu berechnen, deren Mittelpunkte in den Eckpunkten eines Dreiecks liegen, das die Seiten a, b, c hat, und von denen jeder die beiden anderen berührt.

548. Aufgabe. Die gemeinschaftlichen (inneren und äußeren) Tangenten zweier Kreise zu berechnen, deren Radien a und b sind, und deren Mittelpunkte den Abstand c haben.

549. Aufgabe. Den Flächeninhalt eines Dreiecks aus seinen drei Seiten a, b, c zu berechnen.

550. Aufgabe. Den Flächeninhalt eines Paralleltrapezes aus den beiden Parallelseiten a und b ($a > b$), und aus den beiden nicht parallelen Seiten c und d ($c > d$) zu berechnen.

551. Aufgabe. Den Flächeninhalt eines Kreissehnenvierecks zu berechnen; wenn die vier Seiten desselben a, b, c, d bekannt sind.

552. Aufgabe. Den Radius eines um ein Dreieck umschriebenen Kreises aus den drei Seiten a, b, c zu berechnen.

553. Aufgabe. Wenn um ein Paralleltrapez, dessen größere Parallele a, dessen kleinere b ist, ein Kreis geschrieben werden kann. Wie groß ist jede der nicht parallelen Seiten?

554. Aufgabe. Den Radius eines Kreises zu berechnen, der ein Sehnenviereck mit den Seiten a, b, c, d umschließt.

555. Aufgabe. Den Radius eines Kreises zu berechnen, der die drei Seiten a, b, c eines Dreiecks berührt.

556. Aufgabe. Den Radius eines Kreises zu berechnen, der eine Seite eines Dreiecks, a, und die Verlängerungen der anderen beiden, b und c, berührt.

557. Aufgabe. Die Seiten eines Rechtecks zu berechnen, dessen Umfang u und dessen Flächeninhalt f ist.

558. Aufgabe. Die Grundlinie eines Dreiecks zu berechnen, dessen Seiten a und b sind und dessen Fläche f ist.

559. Aufgabe. Die Seite eines regulären Fünfecks zu berechnen, dessen Fläche f ist.

560. Aufgabe. Wenn in einem Kreissehnendreieck der Umfang des Kreises und zwei Seiten gegeben sind, die dritte Seite zu berechnen.

561. Aufgabe. Aus der Seite des eingeschriebenen regulären Sechsecks und Zehnecks die Seite des eingeschriebenen Funfzehnecks zu berechnen.

562. Aufgabe. Die Seiten und den Flächeninhalt eines Dreiecks zu berechnen, wenn die drei Höhenperpendikel desselben (α zur Grundlinie a, β zur Grundlinie b, γ zur Grundlinie c) gegeben sind.

563. Lehrsatz. In jedem Kreissehnenvieleck von gerader Seitenzahl ist die Summe der inneren Winkel, welche abwechselnd auf einander folgen, die Hälfte der ganzen Winkelsumme.

564. Lehrsatz. Wenn man in einem Kreissehnenvieleck von ungerader Seitenzahl einen Winkel durch einen Radius theilt, und diese Theile als zwei aufeinanderfolgende Winkel zwischen die Vieleckswinkel einschaltet; so ist die Summe der abwechselnd auf einander folgenden Winkel die Hälfte der ganzen Winkelsumme.

565. Lehrsatz. In jedem beliebigen Tangentenvieleck von gerader Seitenzahl ist die Summe der abwechselnden Seiten dem halben Umfange gleich.

566. Lehrsatz. Wenn man in einem Tangentenvieleck von ungerader Seitenzahl, statt einer Seite, die beiden durch den Berührungspunkt getrennten Abschnitte derselben als zwei gesonderte und auf einanderfolgende Seiten betrachtet; so ist die Summe der abwechselnden Seiten dem halben Umfange gleich.

567. Lehrsatz. **Die Fläche eines regelmäßigen Tangentenvielecks verhält sich zum Quadrate des Kreishalbmessers wie der Umfang des Vielecks zum Durchmesser des Kreises.**

568. Lehrsatz. Die Fläche eines regelmäßigen Vielecks verhält sich zum Quadrate des großen Halbmessers, wie der Umfang desselben zu derjenigen Sehne des umschriebenen Kreises, welche den Nebenwinkel des Centriwinkels überspannt.

Anm. Diese Sehne wird Ergänzungssehne oder Supplementarsehne zu der Sehne des Centriwinkels genannt.

569. Lehrsatz. Die Fläche eines regelmäßigen NEcks verhält sich zum Nfachen Quadrate des Radius, wie die halbe Sehne des doppelten Centriwinkels zum Durchmesser des umschriebenen Kreises.

570. Lehrsatz. Die Fläche eines regulären 2NEcks verhält sich zum Quadrat des großen Halbmessers, wie der Umfang des regulären NEcks in demselben Kreise zum Durchmesser des Kreises.

571. Lehrsatz. Die Seite des umschriebenen regulären 2NEcks verhält sich zur Seite des demselben Kreise umschriebenen regulären NEcks, wie der Halbmesser des Kreises zur Summe dieses Halbmessers mit dem großen Halbmesser des NEcks.

572. Lehrsatz. Ein Rechteck, dessen eine Seite die halbe Seite eines um einen Kreis beschriebenen regelmäßigen NEcks, dessen andere Seite der Unterschied dieser halben Seite und der ganzen des umschriebenen 2NEcks ist, hat die Fläche eines Quadrates, dessen Seite der Unterschied vom großen Halbmesser jenes NEcks und vom kleinen dieses 2NEcks ist.

573. Lehrsatz. Das Quadrat des großen Halbmessers eines regulären umschriebenen 2NEcks verhält sich zum Quadrate des kleinen Halbmessers derselben Figur, wie der doppelte große Halbmesser des regulären NEcks zur Summe seines großen und kleinen Halbmessers.

574. Lehrsatz. Die Seite eines regulären eingeschriebenen 2NEcks verhält sich zu ihrer Supplementarsehne, wie die Seite des demselben Kreise eingeschriebenen NEcks zur Summe ihrer Ergänzungssehne und des Durchmessers.

575. Lehrsatz. Wenn ein reguläres NEck und ein reguläres 2NEck gleiche Seiten haben, so ist

a) die Summe des großen und kleinen Halbmessers im NEck dem großen Halbmesser des 2NEcks gleich;

b) das doppelte Rechteck zwischen dem kleinen Halbmesser des 2NEcks und dem großen des NEcks ist dem Quadrate des großen Halbmessers des 2NEcks gleich.

576. Lehrsatz. Wenn in einem Kreissehnenviereck zwei anstoßende Seiten einander gleich sind; so ist der Unterschied der anderen beiden Seiten so groß wie die Perpendikelprojectionen der gleichen Seiten auf denselben.

577. Lehrsatz. Wenn in einem Kreissehnenviereck eine Seite einer Diagonale gleich ist; so ist die Summe der anderen Seite und der andern Diagonale gleich den Perpendikelprojectionen der ersten beiden Linien auf den letzteren beiden.

578. Lehrsatz. Das Rechteck zwischen der Sehne eines Bogens und ihrer Ergänzungssehne ist dem Rechteck zwischen dem Radius und der Sehne des doppelten Bogens gleich.

579. Lehrsatz. Der Unterschied der Quadrate der Quadrantensehne und einer beliebigen Sehne ist gleich dem Rechtecke zwischen der Ergänzungssehne des doppelten Bogens der letztern und dem Radius.

580. Lehrsatz. Die Sehne eines zweifachen Bogens verhält sich zur Sehne eines vierfachen Bogens, wie das Quadrat des Halbmessers zum Unterschiede der Quadrate der Sehne des Quadranten und der Sehne des einfachen Bogens.

581. Lehrsatz. Wenn ein Kreis in beliebig viele (n) gleiche Theile getheilt ist und von einem Theilpunkte nach allen andern (n — 1) Sehnen gezogen sind; so hat jede derselben zur Summe der beiden, zwischen denen sie liegt, dasselbe Verhältniß, welches die kleinste Sehne zur nächst größeren hat.

582. Lehrsatz. Wenn ein Kreis in beliebig viele (n) gleiche Theile getheilt ist, und von einem Theilpunkte nach allen andern (n—1) Sehnen gezogen sind; so ist der Ueberschuß des Quadrates jeder dieser Sehnen über das Rechteck der beiden Sehnen, zwischen denen sie liegt, dem Quadrate der kleinsten Sehne gleich.

583. Lehrsatz. Wenn ein Halbkreis in eine beliebige Anzahl gleicher Bogen getheilt und aus jedem Theilpunkte eine Senkrechte auf den Durchmesser gefällt ist; so verhält sich der Radius zur Summe dieser Senkrechten, wie die Sehne eines der gleichen Bogen zu ihrer Ergänzungssehne.

584. Lehrsatz. Wenn ein Halbkreis in eine beliebige Anzahl gleicher Bogen getheilt und aus jedem Theilpunkt ein Perpendikel auf den Durchmesser gefällt ist; so bestimmt der Radius als eine Kathete und die Summe der Perpendikel als andere ein rechtwinkliges Dreieck, das dem Bestimmungsdreieck des regelmäßigen Vielecks ähnlich ist, dessen Seiten die Sehnen der Theil-Bogen sind.

585. Lehrsatz. Wenn ein Bogen in eine beliebige Anzahl gleicher Theile getheilt ist und aus allen Theilpunkten in beliebiger Richtung parallele Sehnen gezogen sind; so verhält sich die durch den Halbirungspunkt des Bogens gezogene Parallelsehne zur Summe aller Parallelsehnen, wie die Sehne eines Bogentheils zu der Sehne, welche dem ganzen um einen Theil vermehrten Bogen angehört.

586. Lehrsatz. Wenn Theilung des Bogens und Zeichnung der Parallelsehnen wie vorhin stattfinden; so läßt sich ein Dreieck construiren, dessen eine Seite die Summe sämmtlicher Parallelen, dessen andere Seite die mittlere Parallele ist, und welches einem Dreieck ähnlich ist, das, dem Kreise eingeschrieben, die Sehne des ganzen Bogens und die Sehne des Theilbogens und die Sehne des um einen Theil vermehrten ganzen Bogens zu Seiten hat.

587. Lehrsatz. Wenn man von einem Punkte der Peripherie nach den End- und Theilpunkten eines gleichgetheilten Bogens Sehnen zieht; so ist das Rechteck zwischen der Summe aller dieser Sehnen und der Sehne eines halben Theiles dem Rechtecke gleich, welches die aus dem Punkte nach der Mitte des Bogens gezogene Sehne zu einer Seite hat und zur andern die Sehne eines Bogens der um einen halben Theil größer ist als der halbe Bogen.

588. Lehrsatz. Wenn Theilung des Bogens und Ziehung der Sehnen, wie vorhin, stattfinden und der Bogen zu beiden Seiten um einen halben Theil erweitert, zugleich aber von jedem der dadurch entstandenen neuen Endpunkte des Bogens eine Sehne nach dem Punkte gezogen wird, der um einen Halbkreis von dem zuerst angenommenen Punkte abliegt; so ist das Rechteck zwischen dem Unterschiede oder der Summe dieser beiden Sehnen und dem Radius dem Rechtecke gleich, welches die Summe aller von dem ersten Punkt gezogenen Sehnen zu einer Seite und die Sehne eines der gleichen Theile des Bogens zur anderen Seite hat.

Anm. Der Unterschied der beiden Linien kommt als Seite des ersten Rechtecks in Betracht, wenn der Gegenpunkt des zuerst angenommenen außerhalb des getheilten Bogens liegt: die Summe, wenn er innerhalb liegt.

589. Lehrsatz. Wenn der Halbkreis in eine beliebige Anzahl gleicher Theile getheilt und nach einem Endpunkte des Durchmessers von jedem Theilpunkte eine Sehne gezogen ist; so ist das Rechteck des Halbmessers und der Ergänzungssehne der kleinsten dem Rechtecke gleich, das die Sehne eines Theiles zu einer Seite und die um den Halbmesser vermehrte Summe aller Sehnen zur andern Seite hat.

590. Lehrsatz. Bei gleichbleibender Construction sind die um den Halbmesser vermehrte Summe aller Sehnen und der Halbmesser selbst Katheten eines rechtwinkligen Dreiecks, das demjenigen ähnlich ist, welches von der Sehne eines Theils, der Ergänzungssehne und dem Durchmesser eingeschlossen ist.

591. Lehrsatz. In jedem regulären Polygon von gerader Seitenzahl ist das Rechteck zwischen der halben Seite und der Summe aller Seiten und Diagonalen, die in einen Eckpunkt zusammentreffen, dem Rechtecke gleich, das den Durchmesser des umschriebenen Kreises zu einer Seite, das arithmetische Mittel der Durchmesser des ein- und umgeschriebenen Kreises zur anderen hat.

Anleitung zu einer geometrischen Construction des regulären Siebenzehnecks. (Pauker ebene Geom. Königsb. 1823. §. 260.)

592. Aufgabe. Man nenne die Sehne zum 17ten Theil eines Kreises a, ihre Ergänzungssehne b, den Radius r, den Durchmesser d. Es bezeichne a_2 die Sehne zum doppelten Bogen b_2 die Ergänzungssehne zum doppelten Bogen. Gleiche Bedeutungen ertheile man den Zeichen a_3, b_3, a_4, b_4 bis a_8, b_8, indem man innerhalb desselben Halbkreises von einem Endpunkte des Durchmessers aus die Sehnen und von dem anderen aus die Ergänzungssehnen gezogen hat.

Es ergeben sich dann folgende Beziehungen:

1) Die Seiten r, r, a schließen ein gleichschenkliges Dreieck ein, in welchem der Winkel an der Grundlinie das Achtfache des Winkels an der Spitze ist.

2) Die Seiten r, r, b_2 schließen ein gleichschenkliges Dreieck ein, in welchem das Achtfache des Winkels an der Spitze um 12 rechte Winkel größer ist als der Winkel an der Grundlinie.

3) $a^2 + a_1^2 + a_2^2 + a_3^2 + a_4^2 + a_5^2 + a_6^2 + a_7^2 + a_8^2 = 17 r^2$.

4) $b^2 + b_1^2 + b_2^2 + b_3^2 + b_4^2 + b_5^2 + b_6^2 + b_7^2 + b_8^2 = 15 r^2$.

5) $b + b_3 + b_5 + b_7 - b_2 - b_4 - b_6 - b_8 = r$.

Setzt man zur Abkürzung:

$$b_3 + b_5 - (b_6 - b_7) = N,$$
$$b_2 + b_8 - (b_1 - b_4) = P,$$

so ist $N - P = r$.

6) $b_2 . b_3 + b_5 . b_8 - b_1 . b_7 - b_4 . b_6 = r^2$.

7) $b_2 . b_7 + b_3 . b_4 - b_5 . b_1 - b_6 . b_8 = r^2$.

8) $b_1 . b_6 + b_2 . b_5 + b_3 . b_8 + b_4 . b_7 = d . N$.

9) $b_1 . b_3 + b_2 . b_6 - b_4 . b_5 - b_7 . b_8 = d . P$.

10) $N . P = 4 r^2$.

11) $(b_3 + b_5) . (b_6 - b_7) = r^2$.

12) $(b_2 + b_8) . (b_1 - b_4) = r^2$.

13) $b_3 . b_5 = r (b_2 + b_8)$.

14) $b_6 . b_7 = r (b_1 + b_4)$.

15) $b_2 . b_8 = r (b_6 + b_7)$.

16) $b_1 . b_4 = r (b_3 + b_5)$.

Durch 5 und 10 sind die Sehnenunterschiede N und P bestimmt.

Durch 5 und 11 ergiebt sich sowohl $b_3 + b_5$, als auch $b_6 - b_7$.

Durch 5 und 12 ergiebt sich sowohl $b_2 + b_8$, als auch $b_1 - b_4$.

In Verbindung mit 13, 14, 15, 16 ergeben sich dann die einzelnen Ergänzungssehnen:

$$b_1,\ b_2,\ b_3,\ b_4,\ b_5,\ b_6,\ b_7,\ b_8.$$

Es reicht aber b_8 zur Theilung des Kreises in 17 gleiche Theile aus.

Diese Construction ist geometrisch in folgender Weise durchzuführen:

Man errichte am Endpunkte p des Durchmessers ap ein Perpendikel pA=pa, halbire den Halbmesser pm in B, ziehe BA, beschreibe mit BA um B einen Kreis, der den über p verlängerten Durchmesser in C trifft;

dann ist $mC - pC = r,\quad mC \cdot pC = d^2,$

$mC = N,\quad pC = P.$

Man halbire ferner pC in E, pA in D, wodurch pD = r wird, ziehe ED, und beschreibe mit ED um E einen Kreis, der die Verlängerung von pE in F trifft;

dann ist $pF - CF = pC,\quad pF \cdot CF = r^2,$

daher $pF = b_2 + b_8,\quad CF = b_1 - b_4.$

Ferner errichte man in m den senkrechten Radius mG = r, halbire mC in H, ziehe HG, und beschreibe mit HG um H den Kreis der den Durchmesser pa in J trifft;

dann ist $CJ - MJ = mC,\quad CJ \cdot MJ = r^2,$

daher $CJ = b_3 + b_5,\quad MJ = b_6 - b_7.$

Sodann beschreibe man Halbkreise über pF und pJ. Letzterer schneidet den senkrechten Radius mG in K. Durch K lege man eine Parallele mit dem Durchmesser, die den ersten Halbkreis zuerst in L schneidet. Aus L ziehe man das Perpendikel LM auf die Verlängerung des Durchmessers ap;

dann ist $LM^2 = KM^2 = r,\quad MJ = pM \cdot FM,$

und $pM + FM = pF;$

daher ist $pM = b_8,\quad MF = b_2.$

Beschreibt man also um p einen Kreis mit dem Radius MF, der die Peripherie des gegebenen Kreises um m in c trifft, und halbirt den Bogen ac in b; so ist ab der siebenzehnte Theil der Peripherie.

Angenäherte Rectification des Kreises.

593. Aufgabe. Wenn man die halbe Seite eines um einen Kreis beschriebenen regulären Sechsecks (AB) durch Verlängerung über den Berührungspunkt (B) hinaus bis zum dreifachen des Radius ergänzt (AC=3r), und den äußern Endpunkt dieser Verlängerung (C) mit dem anderen Endpunkte des zum Berührungspunkte gehörigen Durchmessers (D) durch eine Gerade verbindet; so ist diese, so begrenzt, dem gestreckten Halbkreise gleich ($CD=r\pi$). Wie groß ist die Annäherung dieser Construction? (Vergl. 637.)

Zur Vorbereitung auf die höhere Geometrie.

594. Erklärung. Diejenige Curve (krumme Linie) in einer Ebene, welche die Mittelpunkte aller Kreise aufnimmt, deren Umfänge eine gegebene gerade Linie berühren und durch einen gegebenen Punkt außerhalb derselben gehen, heißt Parabel, die dazu gehörige gerade Linie Directrix derselben, und der Punkt außerhalb derselben Brennpunkt der Parabel. Ein Perpendikel durch den Brennpunkt auf die Directrix heißt Axe der Parabel.

595. Aufgabe. Wenn Brennpunkt und Directrix einer Parabel bekannt sind, den Punkt dieser Curve für jeden Punkt der Directrix zu bestimmen.

596. Lehrsatz. Ein Punkt, dessen Abstand vom Brennpunkte einer Parabel weiter abliegt, als von der Directrix, liegt innerhalb der Curve. Ein Punkt, dessen Abstand vom Brennpunkte größer ist als von der Directrix, außerhalb.

597. Lehrsatz. Umkehrung des vorigen.

598. Lehrsatz. Wenn man von einem Punkte einer Parabel ein Perpendikel auf die Directrix fällt, und eine Linie nach dem Brennpunkt zieht, und den Winkel beider Linien halbirt; so hat die Halbirungslinie nur den einen Punkt mit der Curve gemein, und liegt mit allen übrigen Punkten außerhalb derselben, d. h. sie ist eine Tangente der Curve.

599. Aufgabe. Von einem Punkte außerhalb einer Parabel zwei Tangenten an dieselbe zu legen.

Man beschreibt einen Kreis, der den gegebenen Punkt zum Mittelpunkte hat, und dessen Umfang durch den Brennpunkt geht. Die beiden dadurch auf der Directrix bestimmten Punkte sind Fußpunkte der Perpendikel, welche die Curve in den gesuchten Berührungspunkten treffen.

600. Lehrsatz. Zwei Tangenten einer Parabel können nicht parallel sein.

601. Lehrsatz. Wenn man die Axe einer Parabel als Abscissenlinie, und den Durchschnitt derselben mit der Curve als Anfangspunkt betrachtet; so ist das Quadrat der Ordinate jedes Parabelpunktes einem Rechtecke flächengleich, das die Abscisse zu einer Seite und den doppelten Abstand des Brennpunktes von der Directrix zur anderen Seite hat ($y^2 = px$):

602. Lehrsatz. Der Scheitel der Parabel (d. i. der Punkt, wo sie sich mit der Axe trifft) liegt in der Mitte zwischen den Durchschnittspunkten der Ordinate und der Tangente mit der Axe.

603. Erklärung. Eine Curve, welche die Mittelpunkte sämmtlicher Kreise aufnimmt, deren Umfänge einen gegebenen Kreis berühren, und durch einen innerhalb desselben gegebenen Punkt gehen, heißt Ellipse. Der gegebene Kreis heiße Circulardirectrix der Ellipse, eine gerade Linie, durch den Mittel-

punkt des Kreises und den gegebenen Punkt innerhalb desselben gelegt, heißt Axe der Ellipse, der gegebene Punkt der Brennpunkt derselben.

604. Aufgabe. Wenn die Circulardirectrix und der Brennpunkt innerhalb derselben gegeben ist, für eden beliebigen Punkt der Directrix den zugehörigen Ellipsenpunkt zu finden.

605. Lehrsatz. Ein Punkt der dem Brennpunkte näher ist als der Directrix ist innerhalb der Ellipse. Ein Punkt der weiter vom Brennpunkte absteht als von der Directrix ist außerhalb der Ellipse.

606. Lehrsatz. Umkehrung des vorigen.

607. Lehrsatz. Wenn man von einem Punkte der Ellipse nach dem Brennpunkte und nach dem Mittelpunkte der Ellipse gerade Linien zieht, und den Winkel, den eine dieser Linien mit der Verlängerung der anderen bildet, halbirt, so liegen alle übrigen Punkte dieser Halbirungslinie außerhalb der Ellipse, d. h. die Gerade ist eine Tangente der Curve.

608. Aufgabe. Von einem gegebenen Punkte außerhalb einer Ellipse zwei Tangenten an dieselbe zu legen.

Die Auflösung stimmt mit der zu Nr. 599 angedeuteten überein.

609. Lehrsatz. Wenn man von einem beliebigen Punkte einer Ellipse eine Gerade nach dem Brennpunkt, eine andere nach dem Mittelpunkte der Circulardirektrix zieht; so ist die Summe der beiden so begrenzten Geraden dem Radius der Directrix gleich.

610. Lehrsatz. In der Ellipse kann der Brennpunkt auch als Mittelpunkt der Directrix mit gleichem Radius angenommen werden. Dann ist Brennpunkt, was früher Mittelpunkt der Directrix war.

Anm. Beide Punkte heißen daher Brennpunkte der Ellipse und die durch beide gelegte und durch die Ellipse begrenzte Gerade heißt die große Axe derselben. Diese ist dem Radius der Circulardirektrix gleich. Der Abstand beider Brennpunkte heißt Excentricität und eine Gerade, welche die Mitte der großen Axe senkrecht durchschneidet und von der Ellipse begrenzt wird, heißt die kleine Axe derselben.

611. Lehrsatz. Das Quadrat der halben kleinen Axe und das Quadrat der halben Excentricität sind zusammen so groß wie das Quadrat der halben großen Axe.

612. Lehrsatz. Wenn man über der großen Axe einer Ellipse einen Kreis beschreibt und die Ordinatenperpendikel von den Punkten der Kreisperipherie auf den Durchmesser fällt; so verhält sich jede Kreisordinate zur zugehörigen Ellipsenordinate, wie die kleine Axe der Ellipse zur großen.

Der Beweis ergiebt sich, wenn man die Beziehungen der Ordinaten und Abscissen y und x in der Ellipse aufsucht. Man findet, wenn der Durchschnittspunkt beider Axen als Anfangspunkt der Abscissen angesehen wird, diese in dem Ausdruck $a^2y^2+b^2x^2 = a^2b^2$, in welchem a die große Halbaxe, b die kleine Halbaxe darstellt.

Mit dieser vergleiche man die Beziehungen, welche sich für x und y im Kreise ergeben u. s. w.

613. Erklärung. Diejenige aus zwei getrennten Theilen bestehende Curve, welche die Mittelpunkte aller Kreise aufnimmt, deren Umfänge einen gegebenen Kreis berühren und durch einen gegebenen Punkt außerhalb dieses Kreises gehen, heißt Hyperbel. Der Kreis heißt Circulardirectrix der Hyperbel, der angenommene Punkt Brennpunkt derselben.

Anm. Ein Theil der Curve enthält die Mittelpunkte derjenigen Kreise, die den gegebenen ausschließend berühren, der andere die Mittelpunkte derjenigen, die ihn einschließend berühren. Die gerade Linie, welche den Mittelpunkt der Directrix mit dem Brennpunkt verbindet, heißt Axe der Hyperbel. Der von den beiden Theilen der Hyperbel begrenzte Theil der Axe ist die Axenlänge; so wie der Abstand des Brennpunktes vom Mittelpunkt der Directrix die Excentricität genannt wird.

614. Aufgabe. Wenn die Circulardirectrix und der Brennpunkt gegeben ist, für jeden Punkt der Directrix den zugehörigen Punkt der Curve zu finden.

615. Lehrsatz. Ein Punkt, dessen Abstand vom Brennpunkte kleiner ist als sein nächster Abstand von der Directrix, liegt innerhalb der Hyperbel, eben so ein Punkt, dessen Abstand vom Brennpunkte größer ist als sein größester Abstand von der Directrix. Ein Punkt, dessen Abstand vom Brennpunkte größer ist als sein kleinster Abstand, oder kleiner als sein größester Abstand von der Directrix, liegt außerhalb der Hyperbel.

616. Lehrsatz. Wenn man von einem Punkte der Hyperbel eine gerade Linie nach dem Mittelpunkte der Directrix, und eine zweite nach dem Brennpunkte zieht und den Winkel halbirt, den die eine dieser Linien mit der Verlängerung der anderen bildet; so ist jeder andere Punkt der Halbirungslinie außerhalb der Hyperbel. Die Linie ist also eine Tangente der Curve.

617. Aufgabe. Durch einen Punkt außerhalb einer Hyperbel zwei Tangenten an dieselbe zu legen.

Die Auflösung stimmt denen zu 599 und 608 überein.

618. Lehrsatz. Wenn man von einem Punkte der Hyperbel eine Gerade nach dem Mittelpunkt der Directrix und eine zweite nach dem Brennpunkt zieht; so ist der Unterschied beider Linien dem Radius der Directrix gleich.

619. Zusatz. Es kann also auch der Brennpunkt als Mittelpunkt der Directrix und dieser als Brennpunkt bei gleichen Radien betrachtet werden. Daher beide Punkte Brennpunkte genannt werden. Eine Tangente, vom Brennpunkte an die Directrix gelegt, giebt die Größe einer Linie an, welche man die Queraxe der Hyperbel nennt.

620. Lehrsatz. Das Quadrat der großen Axe ist der Unterschied des Quadrates der Excentricität und des Quadrates der Queraxe.

621. Lehrsatz. Eine gerade Linie, aus der Mitte der Hauptaxe senkrecht auf die Tangente gefällt, welche vom Brennpunkte an die Directrix gelegt wird, nähert sich der Hyperbel immer mehr und mehr, ohne sie je zu treffen, obgleich der Abstand kleiner als jede angegebene Größe wird.

Anm. Diese gerade Linie wird Asymptote der Hyperbel genannt. Wegen 617 giebt es zwei solcher Asymptoten.

622. Lehrsatz. Die Beziehungen der Abscissen (x) und Ordinaten (y) in einer Hyperbel zur Halbaxe (a) und zur halben Queraxe (b) sind in dem Ausdruck enthalten: $a^2y^2 - b^2x^2 = -a^2b^2$.

623. Aufgabe. Die Berührungen dreier Kreise durch einen vierten, vermittelst geometrischer Oerter zu bestimmen.

---

624. Lehrsatz. Wenn die Grundlinien mehrerer gleichseitigen Dreiecke ihre Endpunkte in den Schenkeln eines Winkels haben, der 60° beträgt, und ihre Spitzen auf der Seite, wo der Scheitelpunkt dieses Winkels liegt; so ist die Halbirungslinie des Nebenwinkel desselben der geometrische Ort für diese Spitzen.

625. Aufgabe. Ein gleichseitiges Dreieck zu construiren, dessen Spitzen auf drei gegebenen geraden Linien liegen, und zwar eine derselben auf einem gegebenen Punkte einer dieser Linien.

626. Aufgabe. Durch zwei Punkte innerhalb eines Kreises einen zweiten Kreis zu legen, dessen Peripherie den Umfang des ersten halbirt.

627. Lehrsatz. Wenn durch zwei Punkte A und B zwei Kreise mit dem Durchmesser Aδ und AD gelegt, und durch A die Geraden Aγ und AC als Sehnen des einen und Tangenten des andern Kreises gelegt sind, wenn ferner der Winkel beider Durchmesser DAδ durch die Gerade AεE halbirt ist; so ist

a) die gemeinschaftliche Sehne beider Kreise AB die mittlere Proportionale der Sehne BC und Bγ;

b) die gemeinschaftliche Tangente beider Kreise ist die mittlere Proportionale zwischen den Sehnen DE und $\delta\varepsilon$.

628. Aufgabe. Ein Dreieck (ACB), das schon durch eine Transversale (CD) von einer Winkelspitze (C) aus getheilt ist, durch eine zweite Transversale (AEF) so zu theilen, daß das Dreieck zwischen beiden Transversalen (AEC) dem Viereck zwischen denselben Transversalen und den andern beiden Seiten des Dreiecks (DEFB) gleich wird.

629. Aufgabe. In ein gegebenes Viereck einen Rhombus einzuschreiben, dessen Seiten den Diagonalen des Vierecks parallel sind.

630. Lehrsatz. Wenn man um die vier Dreiecke, welche von den Seiten und Diagonalen eines Sehnenvierecks gebildet werden, Kreise beschreibt, so sind die Mittelpunkte dieser Kreise Eckpunkte eines Rechtecks.

631. Lehrsatz. Die vier Perpendikel von den Mitten der Seiten eines Sehnenvierecks auf die Gegenseiten gefällt, treffen in einen Punkt zusammen.

632. Lehrsatz. Die Kreisfläche ist das geometrische Mittel zwischen der Fläche eines dem Kreise isoperimetrischen Vielecks und eines ihm umschriebenen von gleicher Seitenzahl.

633. Aufgabe. Ein gleichseitiges Dreieck zu construiren, dessen Spitzen auf drei gegebenen concentrischen Peripherieen liegen.

634. Lehrsatz. Wenn zwei Kreise sich berühren, und durch den Berührungspunkt Gerade gelegt werden; so entstehen auf jeder derselben drei Durchschnittspunkte mit den beiden Kreisen; sucht man zu diesen auf jeder Geraden den vierten harmonischen Punkt; so liegen alle so gefundenen vierten Punkte in einem Kreisumfange, der beide gegebenen Kreise in demselben Punkte berührt. (Grunert Archiv V, 140.)

635. Aufgabe. In ein gegebenes Viereck ein Quadrat einzuschreiben. (Grunert Archiv VI, 182.)

636. Aufgabe Einen Kreis zu beschreiben, der einen andern Kreis und zwei Seiten eines in denselben eingeschriebenen Dreiecks berührt.

637. Aufgabe. Man lege vier Radien eines Kreises, deren letzter BC ist, aneinander; so daß die Linie AC entsteht. Errichte im Endpunkte C das Perpendikel $CD = CB$ und verminde re es um DE, welches der achte Theil von DC ist, ziehe EB, und schneide von dieser Linie $BF = \frac{1}{2}BC$ ab, ziehe FG ‡ DC, endlich die Linie EG und damit parallel FH; so soll HA dem Halbkreise für den Radius BC gleich sein. Wie groß ist die Annäherung? (Grunert Archiv XII, 98.)

638. Lehrsatz. Wenn man an die Seite eines Dreiecks, diese als Grundlinie angenommen, ein gleichschenkliges Dreieck construirt, dessen Winkel an der Grundlinie dem Winkel an der Spitze im gegebenen Dreiecke gleich ist, so halbirt eine Linie, welche die Spitzen beider Dreiecke verbindet, jede Linie, die in dem gegebenen Dreieck der Grundlinie antiparallel gezogen ist.

Nachtrag zur Transversalenlehre.

Wenn mehrere Linienverhältnisse in der Zusammensetzung das Verhältniß der Gleichheit geben; so sind entweder in allen einzelnen Verhältnissen die zweiten Linien gleich gerichtet mit den ersten, oder die Anzahl der Verhältnisse, in welchen die zweiten Linien eine den ersten entgegengesetzte Richtung haben, ist eine gerade Zahl.

Daß dies bei jedem durch die Transversalenbetrachtung ermittelten Verhältnisse der Gleichheit stattfindet, z. B. bei den Sätzen XVI, 2 und 6 ist jedesmal leicht zu erweisen.

Es wird aber auch diese Bedingung der vollständigen Gleichheit vorausgesetzt; sobald aus dieser Gleichheit mit Hülfe der Transversalen etwas gefolgert wird, z. B. in den Umkehrungen der genannten Sätze (XVI, 3 und 7.).

Es wird gut sein, um Mißverständnisse zu vermeiden, diese Bedingung schärfer herauszuheben als durch die Andeutung XVI, 2. Anm. 3 im Lehrbuch geschehen ist.

Nimmt man z. B. in einem Dreieck ABC zwischen A und C den Punkt D, zwischen C und B den Punkt E, und die Transversalen treffen sich in M; so läßt sich auf AB außer dem Punkte F, der zwischen A und B in der Transversale CM liegt, noch ein Punkt F' annehmen; so daß AF : FB = AF' : F'B wird (offenbar der vierte harmonische Punkt zu A, F und B).

Es bleibt nun das Verhältniß der Gleichheit, man mag AF : FB oder AF' : F'B mit den Verhältnissen BE : EC und CD : DA zusammensetzen: aber nur im ersten Falle treffen die drei Transversalen AE, BD, CF in einen Punkt M zusammen. Es sind aber in diesem Falle auch die drei Verhältnisse so beschaffen, daß die zweiten Linien eines jeden in gleicher Richtung mit den ersten liegen. In dem andern Falle ist aber F'B in entgegengesetzter Richtung als AF.

Fände dies bei noch einem der andern beiden Verhältnisse statt; so würden die Transversalen auch in einen Punkt zusammentreffen, der dann außer dem Dreieck läge.

Anm. Es beruht bei Einführung algebraischer Bezeichnung diese Bestimmung darauf, daß das Verhältniß $+1 : -1$ nicht ein Verhältniß der Gleichheit ist.

Auf die Nothwendigkeit geometrischer Strenge in diesem Falle hat in einer besondern Schrift Dr. J. E. Bauer hingewiesen. (Berichtigung der Umkehrung von Bernulli's Satz rc. Münster 1851.)

Taf. I.

Figuren zum eilften Abschnitt.

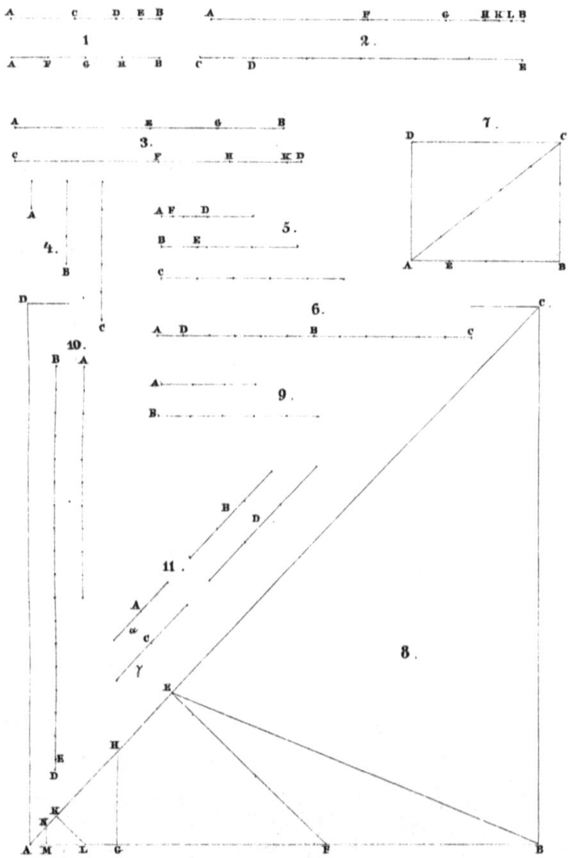

Rechts v. S. 22.

Taf. II

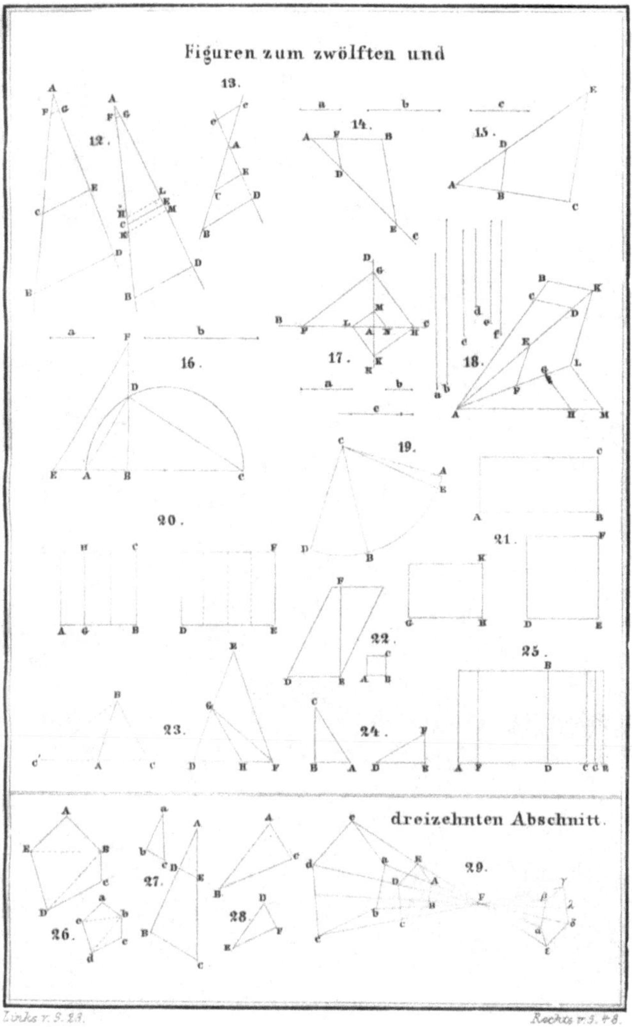

Links v. S. 23. Rechts v. S. 48.

Figuren zum vierzehnten Abschnitt.

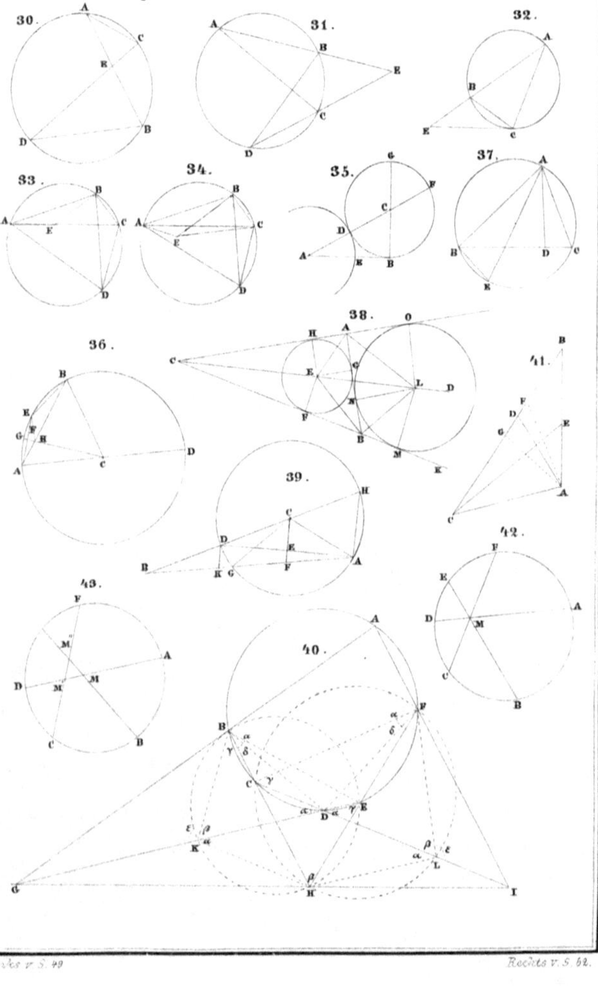

Links v. S. 49 | Rechts v. S. 62.

Taf. IV.

Figuren zum funfzehnten Abschnitt.

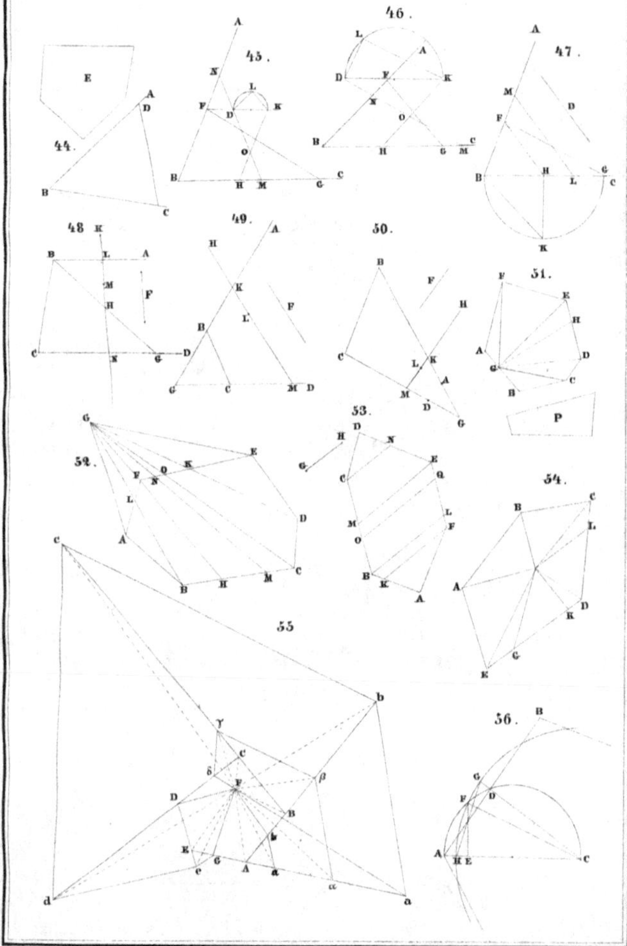

Figuren zum sechzehnten Abschnitt.

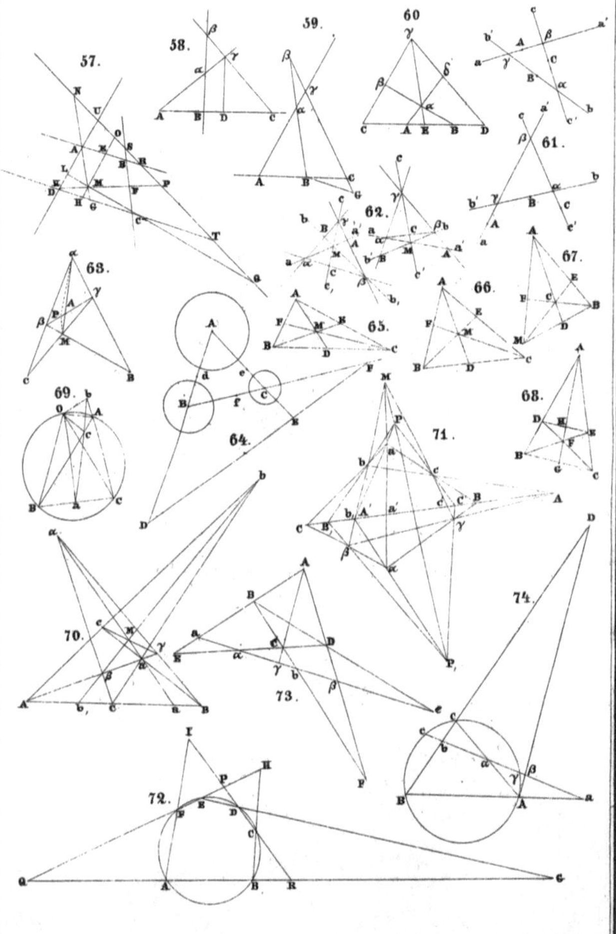

Taf. VI.

Figuren zum siebenzehnten Abschnitt.

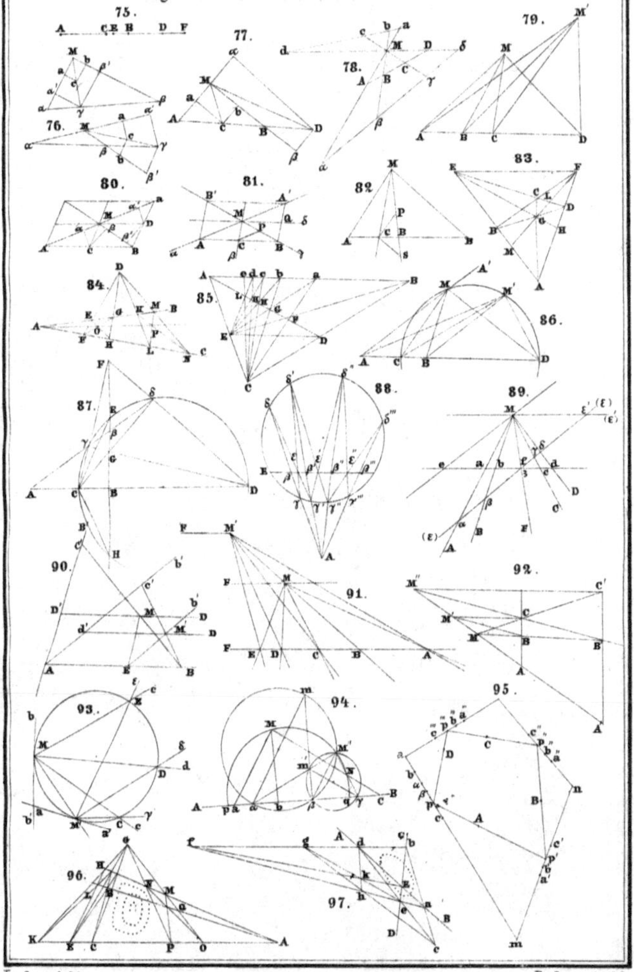

Links v. S. 97. Rechts v. S. 120.

Taf. VII.

Figuren zum achtzehnten Abschnitt A.

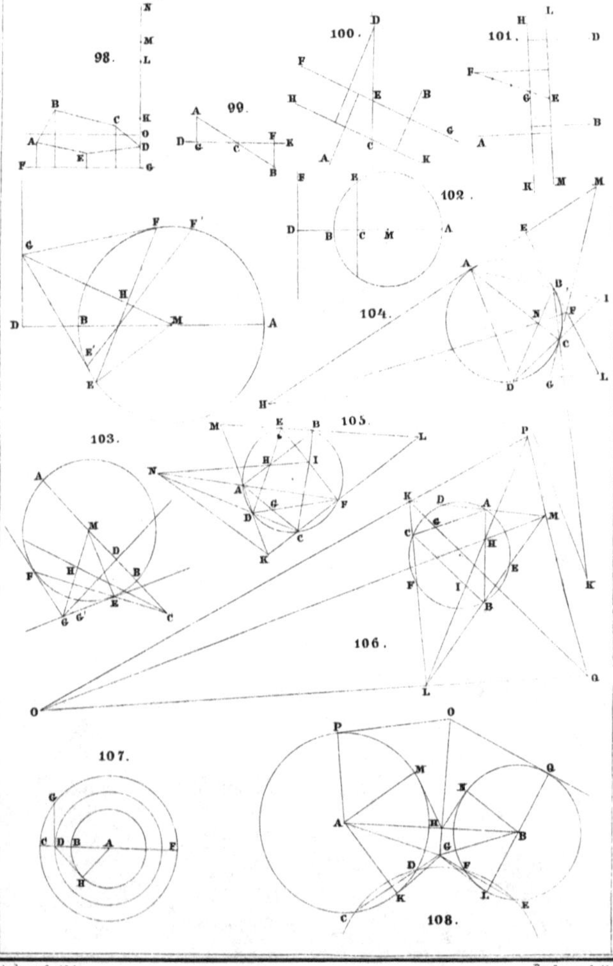

Taf. VIII.

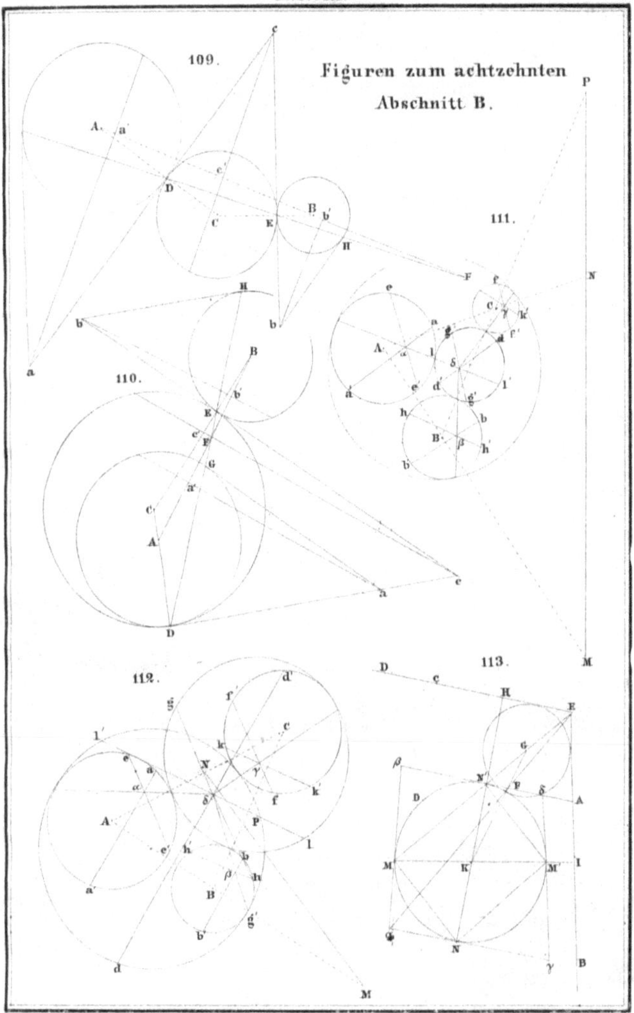

Links v. S. 13?   Rechts v. S. 136.

MIX
Papier | Fördert gute Waldnutzung
FSC® C083411

Zeitfracht Medien GmbH
Ferdinand-Jühlke-Straße 7
99095 Erfurt, Deutschland
produktsicherheit@kolibri360.de